C.H.BECK WISSEN
in der Beck'schen Reihe

Obwohl es die Biologie, als eigenständige Wissenschaft von den Lebewesen, erst seit rund zweihundert Jahren gibt, hat sie eine erstaunliche Entwicklung genommen. Zweifelsohne zählt sie heute nicht nur zu den interessantesten, sondern vor allem zu den folgenreichsten Wissenschaften. Andererseits zählen Fragen wie «Was unterscheidet Organismen von unbelebter Materie?» oder «Gibt es ein allgemeines Lebensprinzip?» zum ältesten Bestand der Themen, mit denen sich Menschen beschäftigen, seit sie über die Natur nachdenken. Und so schlägt Thomas Junker in seinem Buch einen weiten Bogen von den ersten Anfängen der Biologie in der Antike, über die revolutionären Erkenntnisse von Charles Darwin bis hin zu den nicht minder weit reichenden Entdeckungen der modernen Molekularbiologie. Ein kurzer und sachkundiger Überblick über die vielleicht einflussreichste Wissenschaft der Moderne.

Thomas Junker lehrt als Privatdozent *Geschichte der Naturwissenschaften* an der Fakultät für Biologie der Universität Tübingen.

Thomas Junker

GESCHICHTE DER BIOLOGIE

Die Wissenschaft vom Leben

Verlag C. H. Beck

Mit 25 Abbildungen

Originalausgabe

Satz: Fotosatz Reinhard Amann, Aichstetten
Druck und Bindung: Druckerei C. H. Beck, Nördlingen
Umschlagentwurf: Uwe Göbel, München
Printed in Germany
ISBN 3 406 50834 0

www.beck.de

Inhalt

Die Biologie und ihre Geschichte

Das vorliegende Buch ist als allgemeine Einführung gedacht. Man wird vieles finden, manches vermissen. Es soll einen ersten Eindruck von der vielfältigen Geschichte der Biologie vermitteln und zeigen, dass sie mehr Aufmerksamkeit verdient, als man ihr gemeinhin zuspricht. Gerade in Deutschland führt die Biologiegeschichte seit einiger Zeit ein Schattendasein, was auch daran liegt, dass Biologen und Biologiestudenten oft wenig Interesse an der Geschichte ihres Faches zeigen. Zu Unrecht, wie ich meine. An den Universitäten hat sich die Situation in den letzten Jahren sogar noch verschlechtert, von den wenigen Professuren wurden einige gestrichen (Marburg und München) oder, wie kürzlich in Hamburg, mit einem Astronomiehistoriker neu besetzt. Als positive Entwicklung ist die Gründung einer eigenen Organisation zu nennen, der *Deutschen Gesellschaft für Geschichte und Theorie der Biologie*, die mittlerweile auf eine mehr als zehnjährige Tradition zurückblicken kann. Erfreulich war auch die vor wenigen Jahren erfolgte Gründung eines Museums für Biologiegeschichte, des *Biohistoricums* in Neuburg an der Donau, in dem regelmäßig Ausstellungen zu vielfältigen Themen stattfinden.

Die Biologie gibt es als eigenständige, allgemeine Wissenschaft von den Lebewesen erst seit etwa zweihundert Jahren. Noch im 18. Jahrhundert wurde das, was wir heute Biologie nennen, von zwei nur lose miteinander verbundenen Gebieten vertreten, der Naturgeschichte und der Medizin. In der Naturgeschichte wurde alles Wissenswerte über die einzelnen Objekte aus den drei Naturreichen – Gesteine, Pflanzen und Tiere – zusammengetragen. Zur Entstehung der Biologie als übergreifende Wissenschaft von den Lebewesen kam es erst im 19. Jahrhundert. Eine wichtige Voraussetzung war die klare Unterscheidung zwischen lebenden und nicht lebenden Objekten.

Dass Organismen grundlegend verschieden sind von unbelebten Dingen, wurde Ende des 18. Jahrhunderts allgemein anerkannt. Welche konkreten Eigenschaften aber machen ihre Besonderheit aus? Unterscheiden sich Organismen nur durch die spezielle Art und Anordnung ihrer Bestandteile von Maschinen, oder gibt es ein eigenes Lebensprinzip?

Mit der Überzeugung, dass es ein spezielles Lebensprinzip oder einzigartige Eigenschaften der Lebewesen gibt, entstand auch das Bedürfnis nach einer eigenen Wissenschaft. Und man suchte nach einem Namen für sie. Einer der Vorschläge war ‹Biologie›, womit aber zunächst noch kein Sammelname für alle biologischen Disziplinen gemeint war. In der frühesten entsprechenden Verwendung des Wortes ‹Biologie› bei *Karl Friedrich Burdach* (1776–1847), *Gottfried Reinhold Treviranus* (1776–1837) und *Jean Baptiste de Lamarck* (1744–1829) sollten nur die damals modernen biologischen Wissenschaften, vor allem vergleichende Anatomie, Physiologie und Embryologie, so bezeichnet werden. Ausgeschlossen waren dagegen die älteren Fächer Systematik und klassische Naturgeschichte. Im Lauf des 19. Jahrhunderts gewann der Begriff ‹Biologie› dann immer mehr an Umfang, bis er zum reinen Kollektivbegriff wurde, der alle naturwissenschaftlichen Disziplinen umfasst, die sich mit Lebewesen beschäftigen. Dies spiegelt sich auch in dem heute zunehmend verwendeten Ausdruck ‹Biowissenschaften› wider.

Auch wenn die Biologie als wissenschaftliche Disziplin also relativ jung ist, so gilt dies nicht für ihre Themen. Ganz im Gegenteil: Seit der Entstehung der Wissenschaft in der griechischen Antike waren Organismen ein bevorzugter Gegenstand der Forschung. Für welche ihrer Eigenschaften man sich besonders interessierte, hat sich im Laufe der Jahrhunderte stark gewandelt. Es gab aber immer eine überschaubare Anzahl großer Themen, die zu allen Zeiten das Interesse der Wissenschaftler geweckt haben: Die Entstehung der Organismen, ihre äußere Form und innere Struktur, ihre Funktionen und Verhaltensweisen, Fortpflanzung, Vererbung und Wachstum sowie Vielfalt, Zusammenleben und Geschichte der Arten.

In den Kapiteln dieses Buches werde ich die Geschichte der

Leitmotive biologischer Forschung schildern. Anhand von Originalzitaten wichtiger Autoren werden die übergreifenden Problemstellungen, Theorien und Methoden der Biologie exemplarisch dargestellt. Dabei ist das Schicksal von Ansichten, die nach heutiger Sicht falsch sind, oft aufschlussreicher als die Entstehung und Durchsetzung zutreffender Theorien. Auf die Benutzung spezieller Fachbegriffe habe ich soweit wie möglich verzichtet, die fremdsprachigen historischen Zitate werden in Übersetzung wiedergegeben (aber nach den Originalstellen zitiert). Die Kapitel sind in sich abgeschlossen und können je nach Interesse auch einzeln gelesen werden. Sie ergänzen sich aber, nehmen den Faden auf, wo andere Kapitel enden, und geben zusammen einen übergreifenden Eindruck von der Geschichte der Biologie.

Eine thematisch aufgebaute Geschichte der Biologie hat Vorteile, sie hat aber auch den Nachteil, dass sie die Autoren, ihre Fragestellungen, Theorien und Methoden aus dem jeweiligen historischen Zusammenhang reißt. Die übergreifenden Ideen einer bestimmten Epoche, der kulturelle und wissenschaftliche Zeitgeist, kommen so zu kurz. Ähnliches gilt für die biographische Dimension sowie die Sozial- und Institutionengeschichte der Biologie. Zu diesen und weiteren Aspekten sei auf die im Literaturverzeichnis genannten, anders angelegten Geschichten der Biologie verwiesen.

Das Buch ist im Wintersemester 2002–03 entstanden, als ich ein Heynehaus-Fellowship und einen Lehrauftrag am Institut für Wissenschaftsgeschichte der Universität Göttingen wahrnahm. Nicolaas A. Rupke herzlichen Dank für die Einladung, seinen Mitarbeiterinnen und Mitarbeitern, Wolfgang Böker, Elisabeth Eck und Marita Hübner, für ihre Hilfe. Ebenso den Studentinnen und Studenten, die meine Vorlesung zur Geschichte der Biologie mit Fragen und Diskussionen begleitet haben. Mein besonderer Dank geht an Armin Geus, Christin Gumbinger, Jürgen Haffer, Uwe Hoßfeld, Anna Jakovljević, Ulrich Kutschera, Ernst Mayr und Sabine Paul für vielfältige Unterstützung, Ermutigung und Anregung.

Frankfurt am Main im August 2003 *Thomas Junker*

Urzeugung: Die Entstehung des Lebens

Organismen unterscheiden sich in vielerlei Hinsicht von unbelebten Objekten. Eine ihrer auffälligsten, bis heute Phantasie und Wissbegierde gleichermaßen anregenden Eigenschaften ist die Fähigkeit, sich fortzupflanzen, d. h., ihnen ähnliche Wesen hervorzubringen. Schon früh in der Geschichte der Menschen muss rudimentäres Wissen um diese Zusammenhänge verbreitet gewesen sein. Sehr viel schwieriger zu erkennen war dagegen, ob die Fortpflanzung ein unerlässliches Merkmal aller Organismen ist oder nur von manchen. Gibt es Lebewesen, die zu manchen Zeiten oder unter bestimmten Bedingungen unabhängig von anderen Organismen, d. h. ohne Eltern, entstehen können? Von der Antike bis weit ins 19. Jahrhundert wurde diese Frage von vielen Naturforschern bejaht, und sie hielten die Urzeugung, die generatio spontanea oder aequivoca (‹freiwillige› oder ‹unklare› Zeugung), wie man auch sagte, für eine Selbstverständlichkeit. Dies gilt im Prinzip noch heute, und nur das genaue ‹Wie?› der ursprünglichen Entstehung der Organismen ist eine der großen offenen Fragen der Biologie.

Um den historischen ebenso wie den modernen Theorien zur ursprünglichen Entstehung der Organismen gerecht zu werden, ist es wichtig zu verstehen, dass die Urzeugung als Erklärung für zwei voneinander weitgehend unabhängige Phänomene diente. Zum einen war sie eine Alternative zur Fortpflanzung, wobei man annahm, dass die elternlose Entstehung bei bestimmten Organismen den normalen Modus darstellt. Die Urzeugung wäre demnach ein auch in der Gegenwart häufig zu beobachtender Vorgang. Diese Vorstellung war seit der Antike weit verbreitet, ab dem 17. Jahrhundert wurde sie dann langsam zurückgedrängt und verschwand um 1860 als wissenschaftlich ernst zu nehmendes Konzept aus der Biologie. Zum anderen sollte die Urzeugung die ursprüngliche Entstehung der ersten

Lebewesen jeder Art oder der frühesten Organismen überhaupt erklären. Dies bleibt aber ein besonderes Ereignis, da sich die so entstandenen Tiere und Pflanzen im weiteren Verlauf in üblicher Weise fortpflanzen sollen. Auch diese Vorstellung wurde bereits von antiken Autoren vertreten und erlebte vom 17. Jahrhundert bis in die Gegenwart mehrfache Blütezeiten, bis sie schließlich nach tiefgreifendem Wandel zu einem der spannendsten Felder moderner biologischer Forschung wurde. Die so verstandene Urzeugung war historisch eine Alternative oder Ergänzung zur Evolutionstheorie. – Zur Geschichte der Urzeugungstheorien vgl. Lippmann 1933, Farley 1977.

Urzeugung und Fortpflanzung

Erst in den letzten drei Jahrhunderten tauchten Zweifel an der Entstehung von Lebewesen aus den Elementen, bestimmten Stoffen oder der Erde auf. Das scheinbar von Alltagsbeobachtungen bestätigte Phänomen der Urzeugung wurde zudem von keiner geringeren Autorität als Aristoteles gestützt und so für mehr als 2000 Jahre weithin als Tatsache gesehen. Meist waren es die jeweils kleinsten bekannten oder scheinbar einfach gebaute Organismen, die man für Produkte der Urzeugung hielt: Bakterien, Infusorien, Insekten und parasitische Würmer wurden ebenso genannt wie Algen und Pilze.

Aristoteles (384–322 v. u. Z.) hatte scharf zwischen sexueller Fortpflanzung und Urzeugung unterschieden. Jede Tierart soll entweder auf die eine oder auf die andere Weise entstehen, sowohl Zeugung als auch Urzeugung sind aber natürliche Vorgänge. Bei den Tieren beispielsweise lässt er Aale über Regenwürmer aus faulendem Tang hervorgehen. Auch Pflanzen wachsen teils «aus Samen, teils vollzieht die Natur bei ihnen eine Urzeugung, sie wachsen aus faulender Erde oder gewissen Pflanzenteilen» (Aristoteles, *De generatione animalium*: 715b). Die Entstehungsweise soll davon abhängen, ob es bei einer bestimmten Art Männchen und Weibchen gibt. Ist dies der Fall, dann vermehren sie sich ausschließlich durch sexuelle Fortpflanzung. Ist es nicht der Fall, so entstehen die Lebewesen durch Urzeugung.

Der Stoff, nach Aristoteles das weibliche Prinzip, ist aus sich allein heraus nicht in der Lage, ein Lebewesen zu bilden, sondern es wird noch ein männliches, seelisches Prinzip benötigt. Das seelische Prinzip wird bei der sexuellen Fortpflanzung durch den Samen des Männchens übermittelt, bei der Urzeugung durch die überall vorhandene ‹seelische Wärme›: «Es entstehen in der Erde und im Wasser Tiere und Pflanzen, weil in der Erde Feuchtigkeit, im Wasser Lebensluft und überall seelische Wärme ist». Der Erde als mütterlichem Prinzip stehen nach Aristoteles Himmel und Sonne als männliche Prinzipien gegenüber (Aristoteles, *De generatione animalium*: 762a, 716a).

Als mit der Renaissance das Interesse an der Natur neu erwachte, wurde die eigene Beobachtung wieder als Grundlage wissenschaftlichen Forschens geschätzt. Zugleich orientierte man sich an den Texten der Antike. Beides nun schien für die Urzeugung zu sprechen, und so galt sie weiterhin als ebenso natürlich wie die Fortpflanzung.

Der Glaube an häufige Urzeugungen wurde erst im 17. Jahrhundert mit der Verbreitung der frühen Mikroskope zunehmend in Zweifel gezogen. Man konnte nun zeigen, dass sich zahlreiche Tiere aus Eiern entwickeln, von denen man vermutet hatte, dass sie durch Urzeugung aus faulenden Substanzen entstehen. 1651 prägte *William Harvey* (1578–1657) hierfür das Schlagwort «Omne animal ex ovo» («Alle Tiere aus dem Ei»). 1668 konnte dann *Francesco Redi* (1626–1697) durch vielfach variierte Experimente nachweisen, dass sich an Fleischstücken, die in sorgfältig verschlossenen Gläsern aufbewahrt wurden, keine Würmer bilden, sondern dass diese aus Eiern entstehen, die von Insekten auf dem Fleisch abgelegt wurden. Zugleich entdeckte man unter dem Mikroskop aber die zuvor unbekannte Welt der Infusorien, winziger, für das bloße Auge unsichtbarer Organismen, die eine Brücke zwischen Lebewesen und der unbelebten Natur zu schlagen schienen. Dass zumindest diese kleinsten Lebewesen durch Urzeugung entstehen, schien durch ein einfaches Experiment beweisbar: Weichte man Heu, Körner oder Fleischstückchen in Wasser auf, so war dieses nach wenigen Tagen voll von mikroskopisch kleinen Organis-

Abb. 1: Aristoteles, 384–322 v. u. Z. (Archiv für Kunst und Geschichte, Berlin)

men. So erklärt sich auch der Name ‹Infusorien› für Mikroorganismen (von lat. *infusum* ‹Aufguss›).

Aus verschiedenen Gründen wurde die Entstehung der Organismen aus unbelebter Materie aber zunehmend kritisch betrachtet. So betonte man zum Ende des 18. Jahrhunderts aus weltanschaulichen und philosophischen Gründen die Unterschiede zwischen belebten und unbelebten Objekten. *Immanuel Kant* (1724–1804) beispielsweise kritisierte die «generatio aequivoca, worunter man die Erzeugung eines organisierten Wesens durch die Mechanik der rohen unorganisierten Materie versteht», als ungereimt und vernunftwidrig (Kant 1799: B 371 Fn.).

Die Verbesserung der mikroskopischen Technik in den ersten Jahrzehnten des 19. Jahrhunderts trug ein Übriges bei. Auch In-

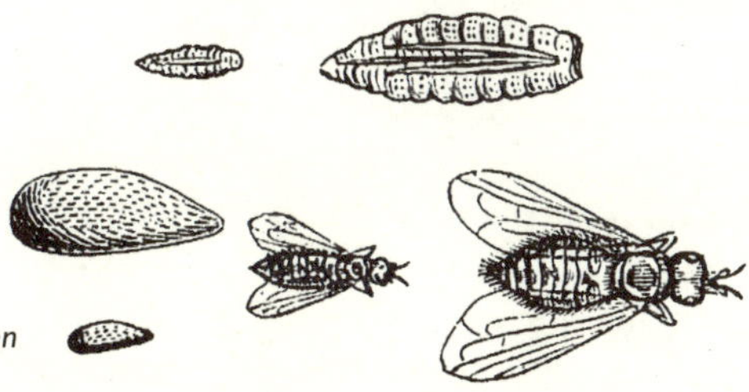

Abb. 2: Entwicklung einer Fliege aus den Larven (Redi 1668: 187)

fusorien, so zeigte sich, weisen eine innere Struktur auf. Der Berliner Naturforscher *Christian Gottfried Ehrenberg* (1795–1876) sprach ihnen 1838 in seiner Schrift *Die Infusionsthierchen als vollkommene Organismen* sogar eine ähnliche innere Organisation wie den vielzelligen Organismen einschließlich Darmkanal und Mägen zu. Auch wenn Ehrenberg hier über das Ziel hinausschoss, so ließ sich die Erkenntnis, dass auch die kleinsten Lebewesen einen komplexen Bau haben, nicht mehr abweisen. Jedenfalls hatte sich gezeigt, dass es sich überall dort, wo man die Entstehung eines Organismus genau zu beobachten im Stande gewesen war, um Fortpflanzung gehandelt hatte. Urzeugungen dagegen hatte man nie direkt beobachtet.

Auch die Geschichte der Wissenschaft sprach gegen die Urzeugung: Hatte man ursprünglich auch Wirbeltiere auf diese Weise entstehen lassen, waren es später Insekten und Würmer, schließlich die Infusorien. Bei jedem Fortschritt der mikroskopischen und experimentellen Technik hatte sich die Grenze verschoben, indem man jeweils die Entstehung durch Fortpflanzung nachweisen konnte. Die Urzeugung war offensichtlich weniger eine Erklärung als das Eingeständnis, dass man sich die Entstehung eines Organismus (noch) nicht begreiflich machen konnte. Nun, da echte, auf genaue Beobachtungen gestützte Erklärungen in Reichweite waren, sah man in der Urzeugung ein Hindernis der Forschung, das von einer Untersuchung des Lebenszyklus mikroskopischer Organismen ablenkte.

So war die Lehre von der Urzeugung Mitte des 19. Jahrhunderts, als *Louis Pasteur* (1822–1895) seine berühmten Experimente durchführte, bereits weitgehend unglaubwürdig gewor-

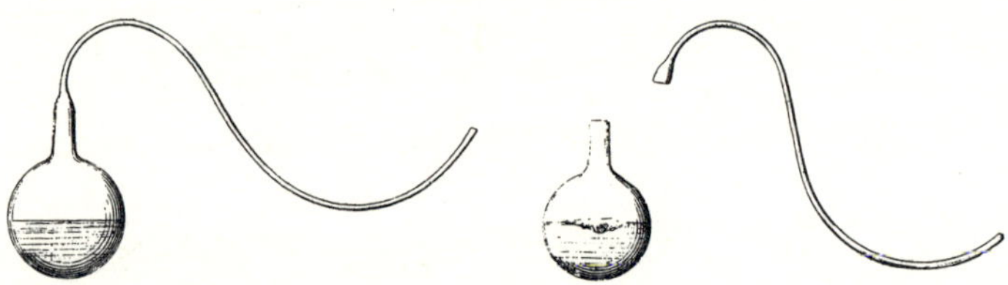

Abb. 3: Versuchsgefäß von Pasteur zur Widerlegung der Urzeugung (Pasteur 1861: 260–61)

den. Pasteur zeigte, dass in einer Flüssigkeit, die für einige Zeit gekocht worden war und sich in einem Behälter mit langem, horizontalem, S-förmigem Endrohr befindet, auch nach Wochen und Monaten weder Fermentation stattfindet noch Mikroorganismen zu finden sind. Sobald der ‹Schwanenhals› gebrochen wird, kommt es sehr schnell zur Fermentation (Pasteur 1861). Obwohl Pasteur eigentlich nur gezeigt hatte, dass es in zucker- und eiweißhaltigen Flüssigkeiten bei Zimmertemperatur nicht zur Neubildung von Organismen aus lebloser Substanz kommt, galten diese und weitere Experimente am Ende eines langen Erosionsprozesses als überzeugende Beweise für die generelle Unmöglichkeit der Urzeugung.

Die Urzeugung war nun als Alternative zur Fortpflanzung endgültig obsolet geworden, aber unter anderen Vorzeichen erlebte sie eine Renaissance und wurde zu einem grundsätzlichen Problem. Selbst wenn Organismen in der Gegenwart nicht aus unbelebter Materie gebildet werden, so müssen sie doch irgendwann entstanden sein. Auch Darwins Evolutionstheorie, 1859 erstmals veröffentlicht, konnte dieses Problem zunächst nicht lösen. Darwin hatte zwar eine Erklärung für Evolution und gemeinsame Abstammung, nicht aber für die ursprüngliche Entstehung der ersten Organismen vorgelegt.

Die Erde als Mutter

Eine Urzeugung im Sinne einer ersten Entstehung der Lebewesen ist, wenn man nicht annehmen will, dass sie ewig leben, eine logische Notwendigkeit. Wie aber ist die erste Entstehung von Organismen zu erklären, auch solcher, die sich nun fortpflanzen? Mit ‹Urzeugung› ist in diesem Zusammenhang also kein alternativer Modus zur Fortpflanzung gemeint, sondern es geht um den ursprünglichen Beginn der ersten Organismen jeder Art. Die bis ins 19. Jahrhundert verbreitetste Erklärung war die religiöse: Man glaubte, dass die Lebewesen zu Beginn der Welt oder zu späteren Zeiten von Gott erschaffen wurden. Für Naturforscher war diese mythische Erzählung wenig befriedigend, da sie wundersame Ereignisse voraussetzte, die der wissenschaftlichen Erkenntnis nicht zugänglich sind und eher als Zeichen der Unwissenheit denn als Erklärung gelten mussten.

Schon bei den Ionischen Naturphilosophen der Antike gab es Versuche, die erste Entstehung der Organismen auf natürliche Weise zu erklären. Aufbauend auf diesen frühen Spekulationen hat der aus der Schule der Epikureer stammende römische Dichter und Philosoph *Lukrez* (97–55 v. u. Z.) in seinem Lehrgedicht *De rerum natura (Vom Wesen des Weltalls*) ein grandioses Bild der Natur entworfen, das die Phantasie der Naturforscher und Philosophen anregte und erst im 19. Jahrhundert durch die Evolutionstheorie ersetzt wurde. Er glaubte, dass die heutige Vielfalt der Arten dadurch zu erklären ist, dass Organismen unmittelbar durch Urzeugung entstehen. Die Lebewesen sind «auf ganz natürliche Weise entstanden», indem «Urkörper sich von allein und zufällig trafen, vielfältig, blindlings, unnütz, vergeblich zusammen sich ballten, schließlich nach jäher Vereinigung miteinander verwuchsen» (Lukrez, *De rerum natura,* II: 1057–63). Als die Erde noch jünger war, habe sie, gleichsam zur Probe, auch Scheusale und Wundergeschöpfe erschaffen, die aber zugrunde gingen, da sie nicht zur Fortpflanzung fähig waren oder nicht aus eigener Kraft überleben konnten. Für Lukrez werden die Arten von der Erde geboren, sie sind durch diesen gemeinsamen Ursprung miteinander verwandt, haben aber ihre jeweils eigene Entstehung und können sich nicht ineinander verwandeln:

> «Sie [die Erde] schuf die Gattung des Menschen,
> ließ auch in annähernd regelmäßigen Fristen die Tiere
> aufwachsen, die überall im hohen Gebirge sich tummeln,
> gleichzeitig auch in den Lüften die vielgestaltigen Vögel.
> Doch weil sie einmal aufhören muß mit Gebären, so brachte
> sie nicht mehr Neues hervor, wie ein Weib, ermattet vom Alter»
> (Lukrez, *De rerum natura,* V: 821–29).

Im Gegensatz zu Aristoteles glaubte Lukrez, dass die Erde, die er auch Mutter nennt, die Lebewesen aus sich heraus ohne ein väterliches Prinzip erschaffen kann. Gemeinsam ist beiden Naturphilosophen der Antike, dass sie sich die Urzeugung analog zur Fortpflanzung bei Menschen und Tieren, d. h. als Zeugung und Geburt, vorstellten.

Lukrez' Ideen prägten noch die Diskussionen um die Entstehung der Lebewesen im 18. Jahrhundert. So hat *Denis Diderot* (1713–1784) vermutet, dass die jeweils ersten Organismen einer Art durch Gärung entstehen. Genügend Zeit vorausgesetzt, sei es nicht unplausibel anzunehmen, dass auch der «Elefant, diese riesige Masse von organischem Bau, ein plötzliches Produkt der Gärung» ist. Wer weiß, fährt er fort, «ob die Gärung und ihre Produkte erschöpft sind? Wer weiß, in welchem Zeitpunkt der Aufeinanderfolge jener Tiergeschlechter wir uns jetzt befinden?» (Diderot 1769: 93).

Wie unzulänglich die spekulativen Ideen von Lukrez und seinen Nachfolgern aus heutiger Sicht auch sein mögen, sie stellten doch einen entscheidenden Schritt zur modernen wissenschaftlichen Erklärung dar. Obwohl sie im Detail kaum weniger wundersam waren als der religiöse Mythos, unterscheidet sich ihre Methode und Weltanschauung grundlegend: Die Forderung, sich auf natürliche Erklärungen zu beschränken und mit bekannten Kräften und Stoffen auszukommen, erwies sich als der zwar schwierigere, aber im Endeffekt erfolgreichere Weg. Aus heutiger Sicht ist offensichtlich, dass die Lösung des Problems der Entstehung komplexer Organismen nicht in einer plötzlichen Urzeugung bestehen kann, sondern einen langandauernden Wandlungsprozess voraussetzt.

Urzeugung und Evolution

Mit dem Aufkommen der Evolutionstheorie wurde die Idee der Urzeugung zunächst nicht verdrängt, sondern man kombinierte beide Vorgänge. Für Lamarck, der 1809 die erste echte Evolutionstheorie im Sinne einer allmählichen und unbegrenzten Umgestaltung von Arten postulierte, war die Urzeugung ein notwendiger Bestandteil seines Modells. Wenn man, so argumentierte er, davon ausgeht, dass die Lebewesen Erzeugnisse der Natur sind, dann muss die Natur die Fähigkeit haben, einige von ihnen direkt zu bilden (Lamarck 1809, Bd. 2: 456–57). Da

Lamarck eine zwangsläufige Höherentwicklung annimmt, benötigt er einen Mechanismus, der die ständige Neuproduktion der einfachsten Organismen gewährleistet. Das heißt, nur ständige Urzeugungen und Evolution gemeinsam erklären das Nebeneinander von Organismen mit unterschiedlicher Organisationshöhe. Die höchstentwickelten Organismen sind die ältesten, da sie am meisten Zeit hatten, ihre Entwicklungsstufe zu erreichen, die primitivsten die jüngsten.

Charles Darwins *Origin of Species* (1859) führte auch bei der Frage der Entstehung der ersten Organismen zu einer neuen Sichtweise. Sein Evolutionsmechanismus, die natürliche Auslese, kam ohne eine notwendige ständige Höherentwicklung aus. Komplexität ist nicht generell, sondern nur unter bestimmten Umweltbedingungen vorteilhaft. Wenn ein Organismus beispielsweise als Einzeller Überlebens- und Fortpflanzungsmöglichkeiten hat, so wird er sich nicht unbedingt in einen Vielzeller verwandeln. Darwin musste also keine Urzeugungen in der Gegenwart annehmen, was den Konflikt mit den im selben Jahr veröffentlichten Ergebnissen Pasteurs entschärfte. Die Frage nach den ursprünglichsten Organismen war damit aber noch nicht gelöst. Darwin vermutete, dass die Tiere von höchstens vier bis fünf Urformen abstammen, die Pflanzen von einer ähnlichen Zahl. Man könnte, so führte er aus, weiter folgern, dass sich auch diese auf einen gemeinsamen Vorläufer zurückführen lassen, also «alle organischen Wesen, die jemals auf dieser Erde gelebt haben, von einer einzigen ursprünglichen Form abstammen, in die das Leben zuerst eingehaucht wurde» (Darwin 1859: 484). Letzteres war natürlich keine echte Erklärung, was Darwin auch zugestand, aber in der Öffentlichkeit wollte er sich zu dem Thema nicht weiter äußern. Später hat er dann folgendes Szenario gezeichnet:

> «Man hat oft gesagt, dass alle Bedingungen für die erste Entstehung eines lebenden Organismus jetzt vorhanden sind, die jemals vorhanden gewesen sein konnten. Aber wenn (und o! was für ein großes Wenn!) wir in irgend einem kleinen warmen Tümpel, mit allen Arten von Ammoniak und phosphorsauren Salzen, Licht, Wärme, Elektrizität u.s.w., wahrnehmen könnten, dass eine Proteinverbindung

> gebildet wurde, bereit noch kompliziertere Veränderungen einzugehen, so würde heute eine solche Substanz augenblicklich verschlungen oder absorbiert werden, was nicht der Fall gewesen wäre, bevor lebende Geschöpfe gebildet wurden» (Darwin 1887, Bd. 3: 17).

In diesem Sinne spekulierte auch der Jenaer Zoologe *Ernst Haeckel* (1834–1919) über höchst einfache Organismen, die ‹Moneren›, die «weiter nichts darstellen als ein strukturloses Körnchen oder Klümpchen einer eiweißartigen Kohlenstoffverbindung» und sich in einem Urzeugungsprozess aus «Urschleim» gebildet haben sollen (Haeckel 1911: 365). Als *Thomas Henry Huxley* (1825–1895) in Materialproben vom Boden des Ozeans eine gallertartige Masse fand, glaubte er, Organismen an der Schwelle zum Leben identifiziert zu haben. Bald stellte sich aber heraus, dass es sich bei diesem *Bathybius haeckelii* genannten ‹Urorganismus› um ein anorganisches Artefakt handelte.

So kam es in der ersten Hälfte des 19. Jahrhunderts zu einem fast völligen Zurückdrängen der Urzeugung. Als Alternative zur Fortpflanzung hatte sie ausgedient. Auch als Erklärung für die Entstehung der Arten wurde sie sukzessive durch die Idee der Evolution ersetzt. Während Lamarck die einfachsten Lebewesen auch in der Gegenwart auf diese Weise entstehen lässt, ist bei Darwin nur noch von einer einzigen Urform die Rede. Aber dieser Beginn, diese Entstehung der ersten Urorganismen, wurde nun erst recht zu einem offenen Problem.

Chemische Evolution

Eine Lösung rückte erst im 20. Jahrhundert in den Bereich des Möglichen, als man das neue chemische und biologische Wissen zusammen mit den von Darwin gefundenen Prinzipien Evolution und Selektion konsequent auf den Ursprung des Lebens anwandte. An drei Punkten kam es dabei zu einer grundlegenden Neuformulierung der Problemstellung. Die ersten beiden Voraussetzungen waren schon von den Naturforschern des 19. Jahrhunderts benannt worden: Zunächst sei nicht auszuschließen, «dass in jener ältesten unvordenklichen Urzeit» andere chemische und physikalische Bedingungen herrschten als in der Gegenwart (Haeckel 1911: 362). Ebenso wichtig war Darwins Beobachtung, dass es heute nicht mehr zur Urzeugung kommen kann, da die existierenden Organismen frühe Stadien sofort zerstören. Und drittens schließlich musste man die Entstehung der ersten Organismen als einen langsamen, über viele Zwischenstufen verlaufenden Prozess verstehen. Die Lösung bestand also darin, Darwins Modell eines graduellen, allmählichen Optimierungsprozesses, der unter konkreten Umweltbedingungen abläuft, auch auf die erste Entstehung der Lebewesen anzuwenden. Wenn Pasteur die Unmöglichkeit von Urzeugungen in einer kurzen Zeitspanne und unter bestimmten chemischen und physikalischen Reaktionsbedingungen nachgewiesen hatte, dann war das Leben eben vielleicht unter anderen Umständen und über lange Zeiträume entstanden.

1936 stellte der russische Biologe *Aleksander Oparin* (1894–1980) ein entsprechendes Modell vor, das die mehr oder weniger plötzlichen Urzeugungen durch das Konzept der chemischen Evolution ersetzte. Er nahm an, dass die Erdatmosphäre ursprünglich keinen freien Sauerstoff enthalten hatte. Dieser sei erst später durch den Stoffwechsel von Organismen entstanden. Unter dieser Bedingung konnten in der ‹Ursuppe› organische Moleküle wie Aminosäuren, Zucker und organische Basen durch chemische Reaktionen produziert werden und sich in weiteren Schritten zu Makromolekülen verbinden. An geeigneten Stellen sammelten sich diese Proteine und Nukleinsäuren in Tröpfchen und bildeten so Protozellen. Oparin nahm an, dass es schon bei dieser chemischen Evolution zu einem der natürlichen Auslese analogen Vorgang kommt, der stetige Verbesserung ermöglicht.

In den 1950er Jahren führten Stanley Miller und andere Forscher dann Experimente durch, die zeigten, dass in Gasmischungen aus CH_4, NH_3 und H_2O-Dampf, die die Atmosphäre der frühen Erde nachbilden, nach elektrischen Entladungen organische Moleküle (unter anderem einige Aminosäuren) entstehen. Später konnten weitere Stufen der chemischen Evolution in Versuchen nachgewiesen werden. Als bis heute größte Schwierigkeit hat sich folgendes Problem erwiesen: In Organismen existiert eine so enge wechselseitige Interaktion zwischen DNS (Desoxyribonukleinsäure) und Proteinen, dass es schwer fällt, sich eine isolierte Entstehung von genetischer Information und Stoffwechsel vorzustellen. Eine der seither entwickelten Hypothesen geht von der Anfang der 1980er Jahre gemachten Entdeckung aus, dass bestimmte RNS-Moleküle über enzymatische Eigenschaften verfügen. In einer frühen ‹RNS-Welt› soll sowohl der genetische als auch der biochemische Apparat aus RNS bestanden haben und sich erst später zum heutigen DNS->RNS->Protein-System weiterentwickelt haben.

Die entscheidende Entdeckung des 20. Jahrhunderts war, dass Organismen aus komplizierten Makromolekülen bestehen, die außergewöhnliche Eigenschaften besitzen. Sie sind nicht nur weitaus komplexer als die üblichen Moleküle in der unbelebten Natur, sondern auch labiler. Der Entstehung der Organismen muss also eine chemische Evolution vorausgegangen sein, während der die verschiedenen Makromoleküle entstanden und sich an geschützten Stellen anreicherten. Wie auch immer eine Erklärung für die ursprüngliche Entstehung der Organismen aussieht, eines ist offensichtlich: Urzeugungen im Sinne eines mehr oder weniger plötzlichen Auftretens von Lebewesen gibt es nicht. Dagegen haben sich Darwins Ideen Evolution und Selektion auch auf diesem Gebiet als fruchtbar erwiesen und damit einen Bereich der Biologie wissenschaftlich verstehbar gemacht, von dem man noch vor nicht allzu langer Zeit glaubte, dass er die Grenzen aller den Menschen möglichen Wissenschaft überschreitet.

Systematik: Die Vielfalt der Arten

Eines der beeindruckendsten Merkmale der Organismen ist die Vielfalt. Dies beginnt mit ihrem inneren Bau, der aus den unterschiedlichsten Makromolekülen, Zellen, Geweben und Organen besteht. Arten mit sexueller Fortpflanzung setzen sich aus einmaligen Individuen zusammen, und schließlich sind die Populationen einer Art, die biologischen Arten und höheren Taxa (Gruppen von Organismen) sowie die ökologischen Lebensgemeinschaften der Erdgeschichte und Gegenwart jeweils einzigartig. Neuere Schätzungen gehen von mehreren Millionen heute existierender Arten aus. Diese Mannigfaltigkeit ist aber nicht regellos, sondern man beobachtet deutlich unterschiedene ‹Sorten› von Organismen. Diese ‹Sorten›, beispielsweise die Arten, bilden ihrerseits wieder abgegrenzte Gruppen, die bestimmte Merkmale gemeinsam haben und sich zu größeren Einheiten zusammenfassen lassen.

Die Wissenschaft der Vielfalt der ‹Sorten› von Organismen ist die Systematik (von griech. *syn* ‹zusammen› und *histanai* ‹stellen›). Die Zusammenordnung von Individuen zu größeren Gruppen, ihre biologische Klassifikation, ist eine Aufgabe, die sowohl große Erfahrung erfordert als auch theoretisch höchst anspruchsvoll ist. Den Fällen, in denen sich die Arten deutlich unterscheiden, stehen viele andere gegenüber, wo dies nicht der Fall ist. Manchmal sind Individuen einer Art – Männchen und Weibchen oder verschiedene Stadien des Lebenszyklus wie Raupe und Schmetterling – so unterschiedlich, dass sie nur durch sorgfältige Untersuchungen als dasselbe Individuum oder als Mitglieder einer Art identifiziert werden können. Auf der anderen Seite gibt es Arten, die sich äußerlich so sehr ähneln, dass sie nur durch diffizile (z. B. molekulare) Methoden zu unterscheiden sind.

Die Klassifikation von Lebewesen hatte von Anfang an einen

doppelten Zweck. Zum einen sollte sie die Identifikation eines Tieres oder einer Pflanze ermöglichen, d. h. als Bestimmungsschlüssel dienen. Zum anderen hatte sie einen übergreifenden, theoretischen Anspruch, indem sie die Ordnung der Natur abbilden sollte. Worin aber diese Ordnung besteht und was ein entsprechendes natürliches System ausmacht, darüber gingen die Ansichten der Biologen weit auseinander. Umstritten war auch die Frage, was ‹Arten›, die Grundeinheiten der Systematik, eigentlich ausmacht. Gibt es überhaupt Arten in der Natur, oder sind diese von Menschen gemachte, künstliche Gruppen?

Die erste Blütezeit der Systematik war das 18. Jahrhundert, als es eine der vordringlichsten Aufgaben der Naturforschung war, Ordnung in die verwirrende Vielfalt der Organismen und Arten zu bringen. Im zweiten Drittel des 19. Jahrhunderts büßte sie ihre Vorherrschaft ein, als neue Fragestellungen aus vergleichender Anatomie, experimenteller Physiologie und Zellentheorie in den Vordergrund traten. Erst in den letzten Jahrzehnten wurde die Systematik als Wissenschaft der organischen Vielfalt wiederentdeckt. – Zur Geschichte der Systematik vgl. Mayr 1982, Mägdefrau 1992.

Aristoteles und die aristotelischen Klassifikationen

Die wissenschaftliche Klassifikation in der Biologie geht auf Aristoteles zurück. Er prägte sie zum einen durch seine Logik, zum anderen durch seine biologischen Schriften. In der Logik entwickelte er eine Methode der Zweiteilung, die mit der allgemeinsten Gruppe beginnt und schrittweise zu immer spezielleren Einteilungen kommt. Die übergeordnete Klasse, die Gattung (genus), wird dabei in zwei Unterklassen, die Arten (species), geteilt. Die so gefundenen ‹Arten› werden beim nächsten Teilungsschritt ihrerseits zu einer ‹Gattung›, die in weitere ‹Arten› unterteilt wird. Dieses Verfahren wird so lange wiederholt, bis die niedrigste Gruppe erreicht ist, die nicht mehr unterteilt werden kann. ‹Gattung› und ‹Arten› wurden hier in Anführungszeichen gesetzt, um deutlich zu machen, dass diese Begriffe aus der Logik stammen und zunächst nichts mit den Arten oder Gattungen der Biologie zu tun haben. Diese Methode der (Abwärts-) Klassifikation durch Unterteilung lässt sich auf alle Gegenstände anwenden, auf unbelebte Objekte ebenso wie auf Organismen.

Bei seiner Klassifikation der Tiere ging Aristoteles nicht nach dieser Methode vor. So stellte er weder eine entsprechende Hierarchie auf, noch verwendete er die Zweiteilung durchgängig als Prinzip der Klassifizierung: «Man soll aber versuchen, die Tiere nach Gattungen einzuteilen, worin die gebräuchlichen Namen den Weg weisen [...]. Jede dieser Gattungen zerfällt weiter nach vielen Merkmalen, nicht in Zweiteilung» (Aristoteles, *De partibus animalium*, 643b 9–14). Aristoteles' Klassifikation basierte vielmehr auf empirischen Beobachtungen, die er gemäß seiner physiologischen Theorie bewertete. In der antiken Naturphilosophie glaubte man, dass die Eigenschaften der Organismen durch ihre unterschiedliche Zusammensetzung aus den vier Elementen (Feuer, Wasser, Luft und Erde) und den Körpersäften (Blut, Schleim, gelbe und schwarze Galle) mit ihren jeweiligen Qualitäten (warm–kalt, trocken–feucht) zu erklären sind. Aristoteles spricht den Lebewesen zudem verschiedene Seelenprinzipien zu. Blut wurde beispielsweise als warm und feucht bestimmt. Warme und feuchte Organismen wiederum galten als besonders vernunftbegabt und mit einer höheren Form der Seele ausgestattet. Dies spiegelt sich in seiner Einteilung der Tiere in solche ‹mit rotem Blut› und den Rest ‹ohne rotes Blut› wider. Bei den Tieren mit Blut unterschied er vier Gruppen: Tiere mit Haaren (Säugetiere), kaltblütige, eierlegende Tiere (Reptilien und Amphibien), Tiere mit Federn (Vögel) und solche mit Schuppen (Fische).

Nach Aristoteles sank das Niveau der Naturgeschichte stetig. Erst mit der Renaissance verschwanden die Legenden und moralisierenden Gleichnisse wieder aus den Tier- und Kräuterbüchern. Sie wurden, wann immer möglich, durch Beschreibungen lebender Pflanzen und Tiere ersetzt, die die Autoren selbst beobachtet hatten. Man ordnete nach verschiedenen Kriterien, alphabetische Reihungen und natürliche Gruppen wechseln sich von Fall zu Fall ab. Zur Identifikation war dies ausreichend, solange man, wie in den Kräuterbüchern der ersten

Hälfte des 16. Jahrhunderts, nur jeweils einige hundert verschiedene Arten beschrieb. Als sich die Zahl bekannter Arten ein Jahrhundert später durch die Expeditionen und Sammelreisen verzehnfacht hatte und weiter stetig anwuchs, konnte diese einfache Vorgehensweise nicht mehr genügen.

Priorität musste in dieser Situation die Schaffung eines Systems zur Identifikation von Individuen und Arten haben. Bei der Entwicklung einer entsprechenden Bestimmungsmethode griff der italienische Botaniker *Andrea Cesalpino* (1519–1603) auf die aristotelische Logik und ihr Prinzip der Abwärtsklassifikation durch logische Zweiteilung zurück. Problematisch ist hierbei, dass die Unterteilung jeweils nur auf einem einzigen Merkmal beruht und die Auswahl der Merkmale für die nacheinander vorgenommenen Unterteilungen willkürlich sein muss. Die Tatsache, dass die so gebildeten, künstlichen Systeme trotzdem zahlreiche natürliche Gruppen enthalten, ist wohl dadurch zu erklären, dass die Systematiker die Pflanzen zunächst in mehr oder weniger natürliche Gruppen einteilten und erst nachträglich die Merkmale bestimmten, nach denen sie ihre Klassifikation angeblich vorgenommen hatten. Linnaeus gab dies offen zu, als er schrieb: «Man muss den Gesamteindruck heimlich zu Rate ziehen, um die Bildung falscher Gattungen zu vermeiden» (Linnaeus 1751, These 168).

Linnaeus und die Entstehung der wissenschaftlichen Systematik

Die moderne Systematik wurde von dem schwedischen Botaniker *Carl Linnaeus* (1707–1778) begründet. Ein Geheimnis seines Erfolges war die Standardisierung aller denkbaren Aspekte der Systematik. Mithilfe einer Reihe klarer Regeln verhinderte er ein drohendes Durcheinander bei Benennungen und Zuordnungen. Zu seinen Innovationen gehörte die Einführung einer ausgereiften Terminologie und Methode der Beschreibung, die präzise Diagnosen im Telegrammstil ermöglichten. Die Benennung der Arten reformierte er mit der binären Nomenklatur. Seit Linnaeus werden alle biologischen Arten analog zum Vor- und Familiennamen eines Menschen durch die Verbindung von Gattungsnamen mit einem die Art bezeichnenden Zusatz charakterisiert, z. B. *Homo sapiens*. Vorher hatten die wissenschaftlichen Namen oft aus umständlichen Kurzdiagnosen mit mehreren Wörtern bestanden.

Ein außerordentlich wichtiger Fortschritt war auch, dass Linnaeus das Tier- bzw. Pflanzenreich jeweils in ein hierarchisch aufgebautes System ordnete, das vier Ebenen zunehmender Allgemeinheit aufwies: Art, Gattung, Ordnung und Klasse. Dies gab seinem System eine enorme Übersichtlichkeit, und es bereitete den Boden für die Erkenntnis, dass das Natürliche System die gemeinsame Abstammung der Organismen repräsentiert.

Linnaeus' Leidenschaft war die Klassifikation. Er hat nicht nur Pflanzen und Tiere, Mineralien und Krankheiten, sondern auch seine Fachkollegen, die Botaniker, klassifiziert. Klassifikationen hatten für ihn den Zweck, Individuen rasch und sicher identifizieren und benennen zu können. Dazu ist es notwendig, gut definierbare, beständige Merkmale zu benutzen. Die vegetativen Teile der Pflanzen stellen nun oft spezielle Anpassungen an die Umweltbedingungen (Analogien) dar und variieren in bestimmten Gruppen stark. Demgegenüber bleibt die Zahl der Staubgefäße und Griffel in einer Blüte trotz äußerlicher Anpassungen meist konstant und eignet sich deshalb als Grundlage der Klassifikation. Linnaeus hat sich diese Tatsache in seinem Sexualsystem der Blütenpflanzen, einem künstlichen System, zunutze gemacht (1751). Die primäre Einteilung wird nach der Zahl der Staubgefäße vorgenommen, die weitere Untergliederung in Ordnungen erfolgt gemäß der Zahl der Griffel. Bei den Tieren unterschied Linnaeus die Klassen der Säugetiere, Vögel, Amphibien, Fische, Insekten und Würmer, eine Einteilung, die an diejenige von Aristoteles erinnert (Linnaeus 1758–59).

Mit Linnaeus' *Systema Naturae* (10. Aufl., 1758–59) begann ein Jahrhundert beispielloser Aktivitäten in der Systematik. Die Suche nach neuen Arten, ihre Einordnung und Benennung standen in höchstem Ansehen und führten zu weitgehender Spezialisierung und Professionalisierung der Systematik. Man wandte sich neuen Tier- und Pflanzengruppen zu, die Botaniker den blütenlosen Pflanzen, die Zoologen den wirbellosen Tieren. Und man begab sich auf die Suche nach dem ‹Natürlichen System›. Linnaeus und seine Zeitgenossen waren sich darüber im Klaren, dass die mit ihren Methoden erzielten Klassifikationen vielfach künstlich waren, d. h. nicht die innere Ordnung der Natur wiedergaben, sondern von Menschen gemachte Konventionen darstellten. Worin aber besteht die natürliche Ordnung der Lebewesen?

Die Kette der Wesen

Viele Naturforscher des 18. Jahrhunderts waren davon überzeugt, dass die Natur ein vernünftiges, nicht willkürliches System ist, dessen Ordnung durch ein übergeordnetes geistiges Prinzip gewährleistet wird. Wenn die Arten und Gattungen der Lebewesen, wie die Welt allgemein, von Gott erschaffen wurden, ist ein System natürlich, das den göttlichen Schöpfungsplan widerspiegelt. Dieser Plan Gottes bei der Erschaffung der Welt hatte, so glaubten sie, in der Aufstellung einer Stufenfolge bestanden.

Bis zum Ende des 18. Jahrhunderts erfreute sich die Idee einer übergreifenden, linearen Kette der Wesen (Stufenleiter, *scala naturae*) großer Popularität. Als wichtiger Vertreter gilt der Genfer Zoologe *Charles Bonnet* (1720–1793), der eine ausgeklügelte «échelle des êtres naturels» aufstellte, eine Reihe von den Elementen über Steine, Pflanzen und Tiere bis zu den Menschen. Die Stufenleiter ist hierarchisch, sie schreitet «vom weniger Vollkommenen zum Vollkommeneren fort». Und sie ist allumfassend, ohne Lücken oder Brüche:

> «Zwischen dem höchsten und dem niedersten Grad der körperlichen oder geistigen Vollkommenheit gibt es eine fast unendliche Zahl von Zwischengraden. Die Kette des Universums schließt alle Wesen zusammen, verbindet alle Welten, umfängt alle Sphären. Ein einziges Wesen steht außerhalb dieser Kette. Er, der sie gemacht hat» (Bonnet [1764] 1779–83, Bd. 7: 55, 51).

Die fliegenden Fische beispielsweise stehen zwischen Fischen und Vögeln, die Aale zwischen Fischen und Schlangen und die Korallen sind Übergänge vom Unbelebten zum Belebten. Auch die

Menschen sind Bestandteil dieser Stufenleiter und zugleich das Meisterwerk der irdischen Schöpfung. Dass die hierarchische Ordnung des feudalen Ständestaates gleichermaßen eine Stufenleiter darstellte, konnte als zusätzlicher Beleg für die Richtigkeit dieses Weltbildes dienen. Die Idee der statischen Stufenleiter hatte für Jahrhunderte die natürliche Ordnung der Lebewesen repräsentiert – nach der Französischen Revolution zerbrach sie.

Abgelöst wurde sie zum einen durch die Evolutionstheorie von Lamarck, der die statische Hierarchie in eine zeitliche Entwicklung umdeutete. Muss man, so argumentierte er, bei der Betrachtung der Stufenleiter nicht annehmen, «dass die Natur die verschiedenen Organismen nacheinander in der Weise hervorgebracht habe, dass sie vom Einfacheren zum Komplizierteren überging»? (Lamarck 1809, Bd. 1: II–III) Von einer inneren Tendenz zur Höherentwicklung angetrieben sollen sich die Arten auf der Stufenleiter wie auf einer Rolltreppe nach oben bewegen. Lamarck kritisierte also nicht die Stufenleiter an sich, sondern nur ihre statische Interpretation. Ganz anders *Georges Cuvier* (1769–1832). Er ersetzte die Stufenleiter durch ein abweichendes statisches System, dem zufolge es vier Tierstämme mit unterschiedlichem Bauplan gibt, zwischen denen keine Übergänge möglich sind (Cuvier 1817, Bd. 1: 57–61). Die Einheit der Naturwesen, die von der Stufenleiter symbolisiert wurde, war damit zunächst zerfallen.

Im Schatten dieser großen theoretischen Auseinandersetzungen über Stufenleiter, Evolution und Baupläne vollzog sich zwischen 1770 und 1859 eine methodische Revolution in der Systematik. Seit Cesalpino hatte man über die Frage gestritten, ob zur Klassifikation nur ein einziges, mehrere oder möglichst viele Merkmale herangezogen werden sollten. Und wenn nicht alle Merkmale gleichermaßen berücksichtigt wurden, welche waren die wichtigsten: Nur der äußere oder auch der innere Bau, die Lebensweise, das Verhalten oder die Physiologie der Organismen? Bereits zu Linnaeus' Zeit wurde die Auffassung kritisiert, dass einzelne Merkmale (wie im Sexualsystem) als Grundlage der Klassifikation ausreichen. Zunehmend bemühte man sich, zur Aufstellung von Arten und höheren Taxa (Gattungen, Familien usw.) nicht mehr nur ein einzelnes Merkmal, sondern Kombinationen von Merkmalen zu benutzen. Parallel dazu wurde die Abwärts-Klassifikation durch eine aufbauende Klassifikation abgelöst. Statt wie früher von oben, bei den allgemeinsten Gruppen, begann man nun von unten, indem man ähnliche Arten zu Gattungen zusammenfasste, diese zu höheren Einheiten usw. Dies führte zur Neubestimmung eines großen Teils der Tier- bzw. Pflanzengruppen und schließlich zu einer neuen Auffassung des Natürlichen Systems bei Darwin.

Natürliches System und gemeinsame Abstammung

Während das Natürliche System vor Darwin meist als Ausdruck eines ideellen Zusammenhanges gesehen wurde (als göttlicher Schöpfungsplan beispielsweise), interpretierte Darwin es materialistisch als genealogisches System. Wenn man davon ausgeht, dass die systematische Anordnung der Organismen weder willkürlich noch abhängig von den Lebensgewohnheiten der jeweiligen Arten und auch nicht mit der Klassifikation von Elementarstoffen und Mineralien vergleichbar ist, dann kommt nach Darwins Ansicht nur die gemeinsame Abstammung in Frage:

> «Wenn wir den Gebrauch dieses Elements der Abstammung, der einzig sicher bekannten Ursache der Ähnlichkeit bei organischen Wesen, ausdehnen, so verstehen wir, was mit dem natürlichen System gemeint ist: es ist genealogisch in seiner versuchten Anordnung, wobei das Ausmaß der erworbenen Unterschiede durch die Bezeichnungen Varietät, Art, Gattung, Familie, Ordnung und Klasse gekennzeichnet wird» (Darwin 1859: 456).

Eine Klassifikation ist nach Darwin natürlich, wenn Nachkommen eines gemeinsamen Vorfahren in einer Gruppe zusammengeordnet werden. Die Hierarchie der Arten, Gattungen, Familien usw. im Natürlichen System ist also ein Ausdruck der abgestuften Verwandtschaftsverhältnisse. Viele Systematiker waren erleichtert, die im zweiten Drittel des 19. Jahrhunderts als obsolet empfundene idealistische durch eine materialistische Theorie ersetzen zu können, «aus der figürlich angenommenen Ver-

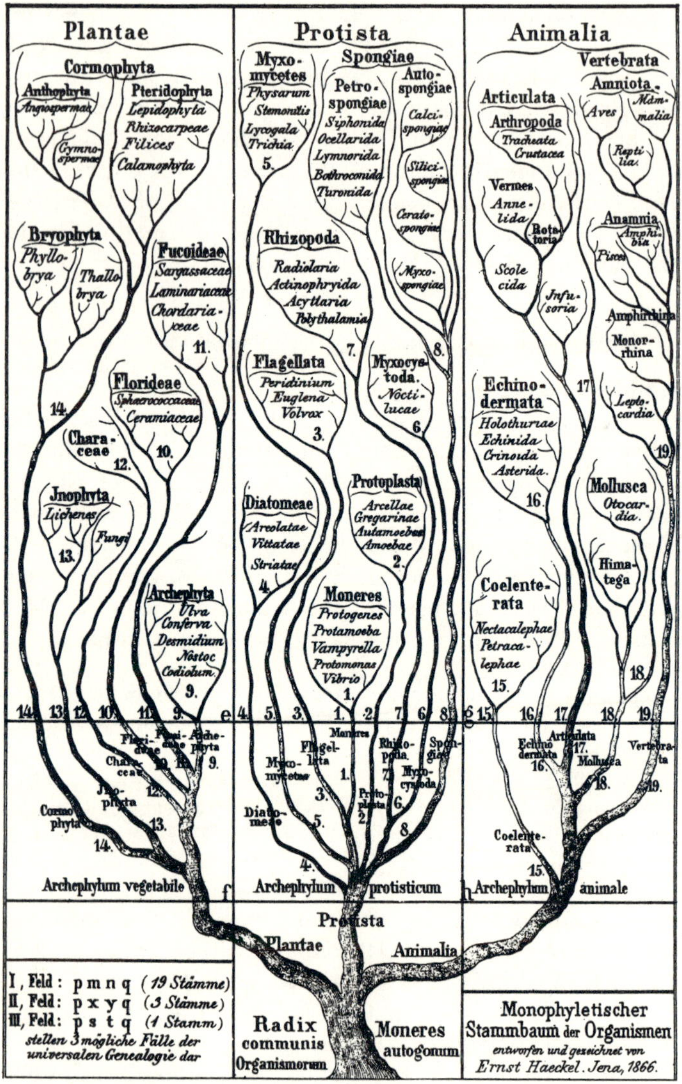

Abb. 4: Monophyletischer Stammbaum der Organismen (Haeckel 1866, Bd. 2, Tafel I)

wandtschaft wurde echte Blutsverwandtschaft, das Natürliche System wurde ein Bild des Stammbaumes des Pflanzenreichs. Mit diesen Sätzen war das alte Problem gelöst» (Sachs 1875: 12).

Mit der gemeinsamen Abstammung lieferte Darwin nicht nur eine naturwissenschaftliche Erklärung für die Existenz des Natürlichen Systems, sondern er stellte auch die von Cuvier abgelehnte Einheit der Lebewesen wieder her. Seit dieser Zeit wird in der Systematik zumindest als theoretisches Ziel akzeptiert, dass jedes Klassifikationssystem auf der gemeinsamen Abstammung aufbauen muß.

Wie eine Klassifikation auf Basis der Evolutionstheorie konkret auszusehen hat, ist bis heute umstritten. Mitte der 1950er Jahre hatten einige Biologen begonnen, die neu verfügbaren Computer zur Klassifikation zu benutzen. Man wollte so viele Merkmale wie möglich berücksichtigen und subjektive Faktoren ausschalten, indem man auf jegliche Bewertung der Merkmale verzichtete (numerische Phänetik). In den 1970er Jahren wurde die Phänetik dann von der Kladistik weitgehend abgelöst. Die Kladistik geht auf den Entomologen *Willi Hennig* (1913–1976) und seine Schrift *Grundzüge einer Theorie der phylogenetischen Systematik* zurück (1950). Nach Hennig soll die Klassifikation der Organismen ausschließlich auf der phylogenetischen Verzweigung der Taxa basieren. Zur Bestimmung der gemeinsamen Abstammung dürfen nur abgeleitete (apomorphe) Merkmale benützt werden, da nur diese Verwandtschaft beweisen; alle von früheren Vorfahren übernommenen primitiven (plesiomorphen) Merkmale müssen dagegen ignoriert werden. Von den Vertretern einer dritten Schule der Systematik, der evolutionären Klassifikation, wird kritisiert, dass in der Kladistik nur die Verzweigung von Stammlinien berücksichtigt und vom Grad der nachfolgenden Divergenz dieser Linien abgesehen wird.

Biologische Arten

Die Klassifikation der Organismen hatte zu hierarchischen Systemen mit verschiedenen formalen Rangstufen geführt. Linnaeus erkannte Varietäten, Arten, Gattungen, Ordnungen und

Klassen an. Später kamen weitere Kategorien wie Familien und Abteilungen hinzu. Als bedeutendeste Rangstufe wurde meist die Art gesehen. Ähnlich wie Zellen die wichtigste Einheit unterhalb der einzelnen (mehrzelligen) Organismen sind, galt die Art als zentrale übergeordnete Einheit. Trotz oder vielleicht gerade wegen dieser besonderen Bedeutung war die genaue Definition der Art in der Biologie höchst umstritten.

Während man in der Frühen Neuzeit unterstellt hatte, dass Arten sich relativ leicht in andere Arten verwandeln können, setzte sich im 18. Jahrhundert die Ansicht durch, dass Arten unveränderlich und von anderen Arten scharf abgegrenzt sind. Zugleich galten sie als die Einheiten der Schöpfung: «Wir zählen so viele Arten, wie verschiedene Formen im Anfang [in principio] geschaffen worden sind» (Linnaeus 1751, These 157). Da die Einheit und die Merkmale jeder Art letztlich auf eine Idee Gottes zurückgehen, spricht man auch vom idealistischen Artbegriff. Die Individuen einer Art stehen dabei nicht in Beziehung zueinander, sondern ihre Gemeinsamkeit besteht in der Teilhabe an derselben Idee. Die Beobachtungen der Naturforscher und die Erfordernisse des christlichen Glaubens schienen gleichermaßen dafür zu sprechen, dass Arten abgegrenzte und konstante Einheiten der Natur sind, die aus ähnlichen Individuen bestehen. Eine gewisse Schwierigkeit stellten nur Fälle dar, in denen die Mitglieder einer Art sehr unterschiedlich waren. So sind in manchen Arten Männchen und Weibchen oder Larven und ausgewachsene Individuen sehr verschieden.

Um dieses Problem zu lösen, führte der französische Naturforscher *Georges Buffon* (1707–1788) ein neues Kriterium ein: die gemeinsame Fortpflanzung. Auch er glaubte, dass Arten konstant sind und eine charakteristische ‹innere Gussform› («moule intérieur») aufweisen: «Das erste Tier, das erste Pferd beispielsweise, war das äußere Modell und die innere Gussform, nach der alle vergangenen, gegenwärtigen und zukünftigen Pferde geformt worden sind und noch geformt werden» (Buffon 1753: 216).

Erkennen lässt sich die Zugehörigkeit von Individuen zu einer Art an der gemeinsamen Fortpflanzung: «Die Art ist nichts an-

Abb. 5: Georges Buffon, 1707–1788 (Archiv für Kunst und Geschichte, Berlin)

deres als eine konstante Aufeinanderfolge ähnlicher Individuen, die sich miteinander fortpflanzen» (Buffon 1753: 386). Individuen, die keine fortpflanzungsfähigen Nachkommen erzeugen können, gehören demnach zu verschiedenen Arten. Auch dieses Kriterium ließ sich gut mit dem Schöpfungsglauben verbinden: Jede Art geht auf die gemeinsame Abstammung von einem ursprünglich erschaffenen Paar zurück.

In Darwins Evolutionstheorie schien eine besondere Bedeutung der Art zunächst nicht mehr gerechtfertigt. Die Evolution wurde als kontinuierlicher Prozess aufgefasst, in dem Arten langsam aus Varietäten entstehen. Darwin hatte also eine starke Motivation nachzuweisen, dass die Arten nicht so konstant und deutlich getrennt sind, wie es traditionellerweise behauptet worden war. Entsprechend sah er in den Arten kein klar abgegrenztes Stadium der Evolution, sondern nur eine künstliche Unterteilung (Darwin 1859: 52).

An diesem Punkt hat sich Darwin indes nicht durchgesetzt, zu offensichtlich ist die Existenz deutlich getrennter Arten in der Natur. Der scheinbare Widerspruch zwischen kontinuierlicher Evolution und diskontinuierlichen Arten wurde erst im Darwinismus des 20. Jahrhunderts überwunden. Wie bei Darwin wurden Rassen bzw. Varietäten (Populationen) als potentielle neue Arten aufgefasst. Wenn Populationen einer Art lange voneinander isoliert sind, können sie sich häufig nicht mehr fruchtbar paaren, sobald sie wieder aufeinandertreffen. Damit haben sie den Status von Arten erreicht, aus der Kontinuität ist Diskontinuität geworden. Im Unterschied zu Buffon wird dabei von der größeren oder geringeren Ähnlichkeit der Organismen abgesehen und die reproduktive Isolation zum alleinigen Kriterium gemacht. Auf dieser Basis formulierte *Ernst Mayr* eine sehr einflussreiche Definition des biologischen Artbegriffs: «Arten sind Gruppen von tatsächlich oder potentiell sich untereinander fortpflanzenden natürlichen Populationen, die reproduktiv von anderen solchen Gruppen isoliert sind» (Mayr 1942: 120). Im Gegensatz zu Buffon wird in dieser Definition nicht die theoretisch existierende Fruchtbarkeit, sondern das tatsächliche Verhalten in der Natur zugrunde gelegt.

Nach der idealistischen Vorstellung wurde die Art als primär gesehen, die individuellen Organismen als sekundär. Arten können auch vor und unabhängig von den Individuen existieren, die zu ihr gehören. Nach dem (modernen) biologischen Artbegriff sind dagegen die individuellen Organismen das Wesentliche, die Art existiert nur als Gemeinschaft der Individuen, sterben diese, so stirbt auch die Art aus.

Die Vertreter der experimentellen Richtungen in der Biologie haben die Systematik oft als eine Art Briefmarkensammeln geringgeschätzt. Erst in den letzten Jahrzehnten hat hier ein Umdenken begonnen. Dies liegt zum einen an der Entwicklung neuer molekularer und genetischer Methoden, die es möglich machen, die traditionellen Klassifikationen zu überprüfen, zu ergänzen und teilweise erstmals auf eine solide Basis zu stellen (z. B. bei Pilzen, bei denen eine Klassifikation nach morphologischen Kriterien zu unbefriedigenden Resultaten führt). Zum anderen haben Probleme des Umweltschutzes zu vermehrtem Interesse an der Vielfalt der Arten geführt. Unter dem Schlagwort ‹Biodiversität› wurde die möglichst vollständige Bestandsaufnahme aller Tier- und Pflanzenarten und ihre Klassifikation wieder zu einem höchst aktuellen Thema.

Vergleichende Anatomie und Morphologie: Der Bauplan der Organismen

Die Vielfalt der Organismen und Arten ist nicht beliebig, sondern es gibt eine begrenzte Anzahl typischer Grundformen (Baupläne). Verglichen mit den meisten unbelebten Objekten haben Organismen zudem einen sehr komplexen Bau. Ebenso charakteristisch ist, dass die einzelnen Teile – Herz, Gehirn, Beine und Hände, Blätter und Wurzeln – ohne Verbindung mit dem Rest des Tieres oder der Pflanze in der Regel nutzlos sind und nur als Teil einer Gesamtstruktur ihre Funktion erfüllen können.

Zwischen dem Bauplan und der Lebensweise der Organismen besteht nun ein eigenartiges Spannungsverhältnis. So sind die Zahlenverhältnisse von Blüten extrem beharrlich und weisen trotz unterschiedlichster spezieller Anpassung immer dieselbe Anzahl von beispielsweise fünf oder sechs Blütenblättern auf. Ähnlich beständig ist die Fünffingrigkeit der Gliedmaßen heutiger Landwirbeltiere. Sie hat sich erhalten, unabhängig davon, ob die Extremitäten zum Laufen, Graben, Schwimmen oder Fliegen verwendet werden. Andererseits kann dieselbe Funktion von verschiedenen Teilen des Körpers übernommen werden. Die Wasserspeicherung bei Pflanzen etwa findet in Blättern, Stamm oder Wurzeln statt.

Mit der Entstehung der vergleichenden Anatomie im 18. Jahrhundert wurde immer deutlicher, dass sich alle Tiere und Pflanzen trotz ihrer durch die Lebensweise erzwungenen Unterschiedlichkeit auf wenige Baupläne zurückführen lassen. Zugleich entstanden zwei disparate Erklärungen für dieses Phänomen, die sich fortan unversöhnlich gegenüberstanden: Zum einen wurde die Vorstellung vertreten, dass der Bauplan auf eine Idee, auf einen geistigen Urtypus, zurückzuführen ist (Idealistische Morphologie). Zum anderen wurde behauptet, dass Gemeinsamkeit des Bauplans auf die gemeinsame Abstammung der Organismen verweist (Evolutionsmorphologie). – Zur Geschichte der vergleichenden Anatomie und Morphologie vgl. Russell 1916, Coleman 1977, Moore 1988.

Anatomie

Notwendige Voraussetzungen für die biologischen Theorien über den Bauplan der Organismen lieferte die Anatomie. Darunter versteht man die Kunst des Sezierens, Aufschneidens und Zerlegens von Organismen und die auf dieser Methode aufbauende Lehre von ihrem inneren Bau. Seit dem 16. Jahrhundert war das Wort (von griech. *anatemnein* ‹aufschneiden›, ‹sezieren›) für die Erforschung von Menschen und Tieren verwendet worden, später auch für die entsprechenden Arbeiten in der Botanik. Anatomische Untersuchungen wurden schon in der Antike durchgeführt, den größten Einfluss hatte die Schule des *Hippokrates* (um 460–370 v. u. Z.). Das antike Wissen wurde von der alexandrinischen Schule sowie von *Galen von Pergamon* (129–199) und seinen Schülern weitertradiert und bildete die Grundlage für die abendländische Medizin. Im Mittelalter glaubte man, dem überkommenen Wissen nichts hinzufügen zu können und lehrte folglich Anatomie in den medizinischen Fakultäten auf eine ‹literarische› Art. Während der Medizinprofessor Textstellen aus Galen vorlas, sezierte ein Assistent (‹Chirurg›) die entsprechenden Teile des Körpers.

Mit der Renaissance brach auch eine neue Ära der Anatomie an. Die anatomischen Zeichnungen von *Leonardo da Vinci* (1452–1519) sind zu Recht noch heute nicht nur als wissenschaftliche, sondern auch als künstlerische Meisterleistungen berühmt. Einen Höhepunkt ereichte die Anatomie der Renaissance mit *Andreas Vesalius* (1514–1564). Er sezierte selbst, entwickelte neue Seziergeräte und veröffentlichte ein anatomisches Werk mit eindrucksvollen Illustrationen: *De Humani Corporis Fabrica* (1543). Vesalius konnte eine Reihe von Irrtümern Galens korrigieren, machte aber nur eine begrenzte Zahl eigener Entdeckungen und übernahm die Vorstellungen der aristotelischen Physiologie. Wichtiger aber als einzelne Funde wurde

Abb. 6: Anatomische Studie (Vesalius 1543, Tafel 24)

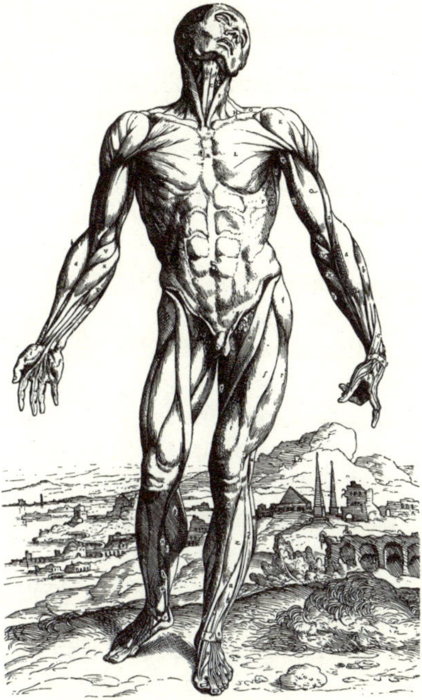

die neue Einstellung zur Forschung: Die Methode der Scholastik, die Wahrheit durch reines Denken und nur bei Autoritäten zu finden, wurde nun rigoros abgelehnt. Stattdessen legte man größeres Gewicht auf das Sammeln von Tatsachen, auf Experiment und Beobachtung.

Noch gab es keine Biologie im heutigen Sinne, und die Anatomie wurde vor allem als ein Zweig der Medizin betrieben. Erst Mitte des 18. Jahrhunderts entstand mit der vergleichenden Anatomie ein genuin biologisches Forschungsprogramm. Zunächst konzentrierte man sich auf den äußeren Bau und die übergeordnete Organisation der Lebewesen. Im 19. Jahrhundert wurde die Biologie dann durch die anatomische Untersuchung des Feinbaues der Organismen revolutioniert, als man erkannte, dass sie aus Zellen bestehen (vgl. Kapitel «Zellentheorie und Endosymbiose»).

Die verborgenen Ähnlichkeiten der Tiere

Die vergleichende Methode entstand in der zweiten Hälfte des 18. Jahrhunderts. Die Naturgeschichte hatte es sich zur Aufgabe gemacht, die einzelnen Naturkörper (Steine, Pflanzen und Tiere) zu sammeln und zu beschreiben. Die enorme Zahl und Vielfalt der Objekte, die so in den Museen zusammengetragen worden waren, erforderten bald zweckmäßige Ordnungsprinzipien. Man konnte sich nicht mehr auf reines Sammeln und Beschreiben beschränken, sondern musste die Naturgegenstände auch klassifizieren. Und zu diesem Zweck verglich man sie. Der Vergleich von verschiedenen Tieren und Pflanzen, von Teilen innerhalb eines Organismus, von Lebewesen und unbelebten Objekten usw. führte bald zu erstaunlichen Erkenntnissen. Neben dem Experiment wurde der Vergleich so zu einer weiteren wichtigen Methode der wissenschaftlichen Biologie.

Prägend für die Diskussionen des folgenden Jahrhunderts wurde die Ideen des französischen Naturforschers *Georges Buffon*. Seine monumentale *Histoire Naturelle (Naturgeschichte)*, von der zwischen 1749 und Buffons Tod im Jahre 1788 fünfunddreißig Bände (sowie weitere Bände nach seinem Tod) erschienen, machte ihn zu einem der berühmtesten Naturforscher seiner Zeit. Buffons *Histoire Naturelle* besteht neben verschiedenen einleitenden und allgemeinen Kapiteln im Wesentlichen aus Beschreibungen der einzelnen Arten, ihres Körperbaus und ihrer Lebensweise. Ähnliche Arten sind dabei zusammengeordnet, was gewisse Wiederholungen unvermeidlich macht. Als sich nun Buffon daran machte, im Anschluss an den Abschnitt über das Pferd den Esel zu beschreiben, zog er es vor, vielleicht ermüdet von der Aussicht auf eine weitgehend identische Beschreibung, stattdessen darüber zu spekulieren, *warum* beide Arten so ähnlich sind. Wenn man, so schreibt er, den Esel betrachtet, dann «scheint er nichts als ein entartetes Pferd» zu sein: «Die vollkommene Ähnlichkeit der Bildung in Hirn, Lungen, Magen, Darm, Herz, Leber und anderen Eingeweiden, die große Ähnlichkeit des Körpers, der Beine, Füße und des ganzen Skelettes scheinen diese Meinung zu stärken» (Buffon 1753: 377).

Abb. 7: Vergleich von Pferd und Esel bei Buffon (1753: 366, 432)

Entsprechende Ähnlichkeiten lassen sich noch weiter verfolgen, und wenn wir aus der «unendlichen Mannigfaltigkeit [...] der lebenden Wesen ein Tier oder sogar den Körper des Menschen herausgreifen und darauf, auf dem Wege des Vergleichs, die anderen organisierten Wesen beziehen, so werden wir finden, dass [...] ein ursprünglicher und allgemeiner Plan besteht, den man sehr weit verfolgen kann» (Buffon 1753: 379). Der Fuß der Pferde beispielsweise ist trotz aller äußeren Verschiedenheit aus denselben Knochen zusammengesetzt wie die Hand eines Menschen.

Wie sind nun «diese verborgenen Ähnlichkeiten», die so «viel wunderbarer sind als die augenfälligen Unterschiede», zu deuten? Buffon diskutiert zwei alternative Erklärungen. Zum einen könnte man vermuten, dass «das höchste Wesen bei der Schöpfung der Tiere nur eine Idee hat verwenden wollen, um sie zu gleicher Zeit auf alle möglichen Weisen abzuwandeln, damit der Mensch gleicherweise die Großartigkeit der Ausführung als die Einfachheit des Planes bewundern könne».

Zum anderen könnte man annehmen, dass sich Gruppen ähnlicher Arten durch «Mischung, allmähliche Variation und Entartung der ursprünglichen Arten» gebildet haben. Wenn man dies zugibt, dann könnte man weiter vermuten, dass «alle Tiere von einem einzigen Tier hergekommen seien, das im Laufe der Zeit, durch Vervollkommnung und Entartung, alle Rassen der anderen Tiere hervorgebracht hat». Das heißt, es gäbe «keine Grenzen mehr für die Allmacht der Natur, [... die] mit der Zeit aus einem einzigen Wesen alle anderen organisierten Wesen herauszuziehen wusste» (Buffon 1753: 381–82).

Auf diesen wenigen Seiten, versteckt im Abschnitt über den Esel, wird die Problemstellung aufgeworfen, die der vergleichenden Anatomie seither die Richtung wies. Auch Buffons Erklärungen wurden wegweisend: Sie bildeten die Ausgangspunkte für zwei der wichtigsten, konkurrierenden Theorien der biologischen Morphologie. Der Einfachheit der Schöpfungsidee Gottes stehen die gemeinsame Abstammung und die Allmacht der Natur gegenüber. Buffon selbst hat sich – zumindest in seinen offiziellen Äußerungen – für die erste Möglichkeit entschieden, denn es sei «durch die Offenbarung sicher, dass alle Tiere gleichermaßen an der Gnade der Schöpfung teilgenommen haben» (Buffon 1753: 383).

Bevor sich die vergleichende Anatomie im weiteren Verlauf der Geschichte in zwei feindliche theoretische Modelle aufspaltete – die idealistische und die evolutionistische Morphologie –, erreicht sie im Werk von *Georges Cuvier* eine erste Blütezeit. Cuvier bezog auch die innere Anatomie der wirbellosen Tiere ein und zeigte, dass sie einen anderen Bauplan aufweisen als die Wirbeltiere. Es kann also keinen einheitlichen Bauplan oder eine einzige Stufenleiter geben, die alle Tiere verbinden. Nach Cuvier besteht das Tierreich vielmehr aus vier großen Abteilungen (‹embranchements›) mit jeweils einem gemeinsamen Typus (Bauplan): Wirbeltiere, Weichtiere (Mollusken), Gliedertiere und Strahltiere. Die Existenz von Übergangsformen zwischen diesen Hauptstämmen lehnt er ab (Cuvier 1817, Bd. 1: 57–61). 1831 kam es deshalb zu dem berühmten Pariser Akademiestreit mit *Etienne Geoffroy Saint-Hilaire* (1772–1844), der an der Idee eines einheitlichen Bauplans aller Tiere festhielt.

Während Buffon sich besonders von den Ähnlichkeiten zwischen den Tieren fasziniert gezeigt hatte, interessierte sich Cu-

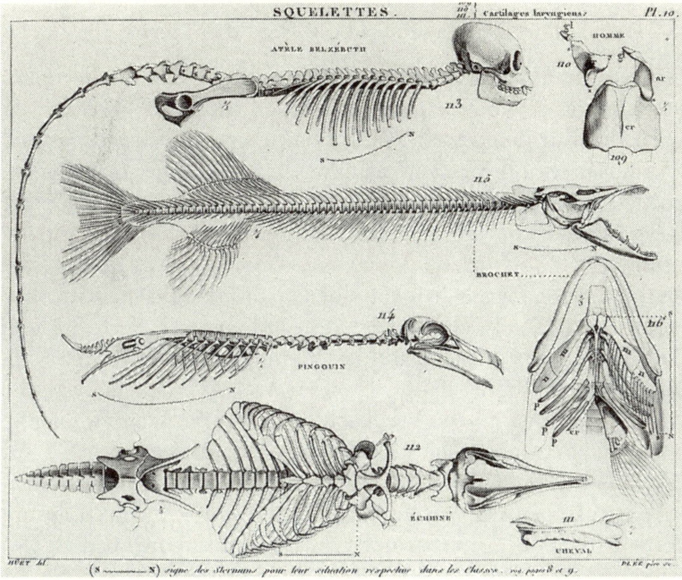

Abb. 8: Vergleich verschiedener Wirbeltierskelette (Geoffroy Saint-Hilaire 1818)

vier fast ausschließlich für ihre Unterschiede, die durch die Lebensweise notwendig werden. Wie schon Aristoteles betonte er vor allem die funktionellen Aspekte: «Jedes Lebewesen bildet ein Ganzes, ein einheitliches und geschlossenes System, in dem sich alle Teile gegenseitig entsprechen und zur selben bestimmten Aktion durch eine wechselseitige Reaktion beitragen. Keiner dieser Teile kann sich ändern, ohne dass die anderen sich auch ändern; und folglich bezeichnet und gibt jeder Teil getrennt genommen alle anderen» (Cuvier 1812, Bd. 1: 58). Buffons Frage, warum sich die Arten desselben Typus in ihrer Grundstruktur trotz unterschiedlicher Lebensweise so ähnlich sind, stellte er nicht.

Die Urpflanze und die Idee des Tieres

Die Grundbaupläne der Organismen standen dann in der Idealistischen Morphologie ganz im Vordergrund. Als ‹idealistisch› wird sie bezeichnet, weil sie die konkreten Lebewesen und ihre Organisation auf ideelle Zusammenhänge und geistige ‹Typen› zurückzuführen bestrebt ist. Sie entstand in engem Zusammenhang mit der Philosophie des deutschen Idealismus. Als ihr Begründer gilt *Johann Wolfgang von Goethe* (1749–1832), der auch die Bezeichnung ‹Morphologie› (statt ‹vergleichender Anatomie›) populär machte: «Die Morphologie soll die Lehre von der Gestalt, der Bildung und Umbildung der organischen Körper enthalten» (Goethe [um 1798] 1987: 365). Die idealistische Morphologie geht vom Vergleich der Form im weitesten Sinne aus und beschränkt sich im Gegensatz zur Anatomie meist auf die äußere Beschaffenheit. Dabei abstrahiert sie vom spezifischen Aussehen der Einzelformen und von ihrer Funktion, um so den Bauplan (Typus) einer Gruppe von Organismen zu finden. Ihre Methode ist der Vergleich: «Naturgeschichte beruht überhaupt auf Vergleichung» (Goethe [1795] 1987: 227).

Die Aufstellung von Bauplänen erlaubt es, die vielfältigen Erscheinungsformen der Organismen wenigen Grundformen zuzuordnen und Voraussagen über die Existenz bestimmter Elemente, z. B. rudimentärer Organe, zu treffen. Das berühmteste Beispiel war die Entdeckung des Zwischenkieferknochens bei Menschen. Im Gegensatz zu anderen Säugetieren schienen die Menschen diesen Knochen nicht zu besitzen. Da Menschen aber sonst nach dem Typus der Säugetiere gebaut sind, folgerte Goethe, dass auch bei ihnen dieser Knochen zu finden sein müsste (1784). Wie er später schrieb, glaubte er, dass der gemeinsame Bauplan letztlich auf geistige Zusammenhänge, auf eine Idee hinführt:

> «Hiebei fühlte ich bald die Notwendigkeit einen Typus aufzustellen, an welchem alle Säugetiere nach Übereinstimmung und Verschiedenheit zu prüfen wären, und wie ich früher die Urpflanze aufgesucht, so trachtete ich nunmehr, das Urtier zu finden, das heißt denn doch zuletzt: den Begriff, die Idee des Tiers» (Goethe [1817–22] 1987: 404).

Ähnlich erfolgreich wie der Vergleich zwischen verschiedenen Lebewesen erwies sich derjenige zwischen den Organen und Teilen an einem einzigen Tier oder einer Pflanze. So interpretierte Goethe die verschiedenen äußeren Teile einer Pflanze – Blätter, Kelch, Krone, Staubfäden, Frucht – als Abwandlungen (Metamorphosen) einer Grundform (Goethe [1790] 1987: 149). Auch bei Tieren ließen sich verschiedene Körperteile als Abwandlungen einer Grundform verstehen. So postulierte Goethe (sowie unabhängig von ihm Lorenz Oken), dass das Kopfskelett der Wirbeltiere keine isolierte Neubildung darstellt, sondern aus verwachsenen und umgewandelten Wirbeln besteht (Oken 1807, Goethe [1819] 1987: 504–06).

Die Idealistische Morphologie hatte in der ersten Hälfte des 19. Jahrhunderts zahlreiche wichtige Entdeckungen gemacht. Als besonders wertvoll erwies sich die Unterscheidung zwischen Ähnlichkeiten aufgrund des Bauplanes (Homologien) und solchen nur aufgrund der Funktion (Analogien) (vgl. Owen 1848: 7).

Die Idealistische Morphologie hatte einen sehr nützlichen Begriffsrahmen geschaffen, der es möglich machte, die Gestalt der Organismen aus zwei gegensätzlichen Perspektiven zu analysieren: ihrer Lebensweise und ihres Bauplanes. Wie aber war die Existenz der Baupläne zu erklären, woher kamen Cuviers vier Typen, woher Goethes ‹Idee des Tieres›? Die erste Interpretation, die wir schon bei Buffon angetroffen haben, nimmt die ‹Baupläne› im direkten Wortsinn: Es handelt sich um die Konstruktionspläne Gottes, die er bei der Erschaffung der Arten zugrunde gelegt hatte. Man glaubte also, die Homologien damit erklärt zu haben, dass Gott denselben Grundplan für verschiedene Tiere und Pflanzen benutzt hatte. Diese religiöse Deutung wurde im Laufe des 19. Jahrhunderts, als man in den Naturwissenschaften nurmehr natürliche Erklärungen akzeptierte, als unzulänglich empfunden. Aus diesen Grund gewann zunächst eine andere Interpretation an Popularität: Man verstand den Bauplan analog zu Kristallformen, die Morphologie wurde zu einer Kristallographie lebender Körper.

Gemeinsame Abstammung

Nachdem die Idealistische Morphologie die erste Hälfte des 19. Jahrhunderts dominiert hatte, kam es mit Darwins *Origin of Species* (1859) zu einem tiefgreifenden Umbruch. Nach mehr als einem Jahrhundert des Vergessens wurde Buffons zweite Erklärung für die ‹wunderbaren Ähnlichkeiten› innerhalb weniger Jahre zum Ausgangspunkt einer neuen Sichtweise: Als Ursache für die Einheit des Bauplans galt nun nicht mehr eine Idee, sondern die materielle Abstammung der Organismen. Nach der ‹Lehre von der Abstammung mit Modifikation› («the theory of descent with modification») erhalten sich homologe Merkmale durch Vererbung, analoge entstehen durch Anpassung (Darwin 1859: 333, 434). Ein einheitlicher Bauplan wird so zum Beweis für eine gemeinsame Geschichte, aus dem ideellen ‹Urtier› wird ein realer Vorfahre. Damit rückte eine wissenschaftliche Lösung für die rätselhafte Existenz der Baupläne in den Bereich des Möglichen. Die Evolutionstheorie wiederum profitierte enorm von der vergleichenden Anatomie, die mehr Argumente als jede andere biologische Disziplin zu ihrer Unterstützung lieferte. Bis heute basiert die Rekonstruktion der Stammesgeschichte der Organismen weitgehend auf den Erkenntnissen der vergleichenden Anatomie (ergänzt durch vergleichende Daten aus der Genetik und Physiologie), da die fossile Überlieferung meist zu lückenhaft war und ist. Kein Wunder, dass Darwin die Morphologie als «das interessanteste Fachgebiet der Naturgeschichte» und als «ihre eigentliche Seele» bezeichnete (Darwin 1859: 434).

Vergegenwärtigt man sich die Radikalität dieser Umorientierung, so erstaunt, wie viele empirische Fakten, Begriffe (Homologie und Analogie) und methodische Vorstellungen der Idealistischen Morphologie in wenig modifizierter Form von der Evolutionsmorphologie übernommen wurden. Möglich wurde dieser problemlose Übergang vor allem deshalb, weil beide Forschungsprogramme ihren Ursprung in der vergleichenden Anatomie haben, also auf ein gemeinsames empirisches und methodisches Fundament zugreifen konnten. Der gleitende Umbruch hatte allerdings nicht nur positive Folgen, da man sich so über

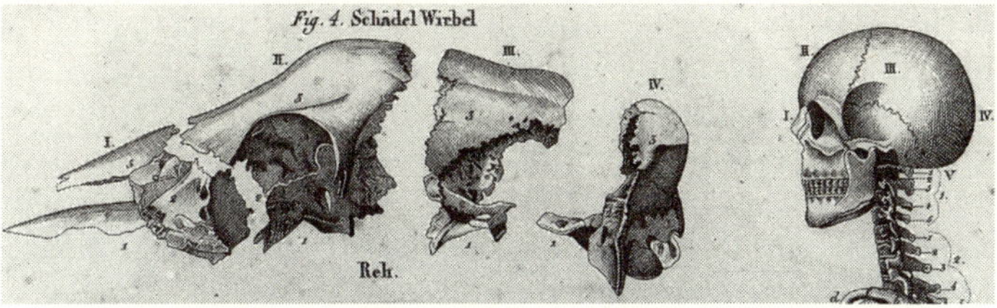

Abb. 9: Wirbeltheorie des Schädels am Beispiel von Reh und Mensch (Oken 1843, Tafel II)

grundsätzliche Unterschiede in Fragestellung und Methode hinwegtäuschte und vorevolutionäre Konzepte kritiklos übernahm. So beschränkten sich die meisten Evolutionsmorphologen des 19. Jahrhunderts wie schon die Idealistischen Morphologen fast ausschließlich auf die Untersuchung der Homologien und vernachlässigten die Entstehung der speziellen Anpassungen.

Wie der Übergang von der idealistischen zur evolutionären Morphologie konkret aussah, soll kurz am Beispiel der schon erwähnten Wirbeltheorie des Schädels verdeutlicht werden. Goethe hatte geschrieben, dass «das Oberhaupt des Säugetiers aus sechs Wirbelknochen abzuleiten sei» (Goethe 1987: 506). Das heißt, er leitete die an einem jetzt lebenden, ausgewachsenen Tier zu beobachtenden, differenzierten Gebilde (Schädel- bzw. Wirbelknochen) auseinander ab.

Auch bei Darwin ist der Schädel aus Wirbelknochen entstanden, allerdings nicht aus den heute existierenden, sondern aus «ursprünglichen Organen irgendeiner Art» (Darwin 1859: 438–39). Das heißt, in der evolutionären Sichtweise ist der Schädel nicht aus Wirbelknochen entstanden, sondern es gab gemeinsame Vorformen für die späteren Wirbel- und Schädelknochen. Wie *Carl Gegenbaur* (1826–1903), einer der bedeutendsten Evolutionsmorphologen des 19. Jahrhunderts, schrieb: Bei aller Verschiedenheit der Wege von idealistischer und evolutionärer Morphologie «ist das Endziel doch das gleiche geblieben: die Erkenntniss nämlich, dass im Kopfskelet der Wirbelthiere keine absolut neue, dem übrigen Organismus fremde Bildung vorliege, sondern dass dasselbe durch Umformung derselben Theile entstanden sei, wie sie minder verändert das übrige Axenskelet als Wirbel zusammensetzen» (Gegenbaur 1864–72, Bd. 3: 304–05).

Warum aber sind die Baupläne der Tiere und Pflanzen so außerordentlich konservativ? Oder anders gefragt: Warum spielt sich der überwiegende Teil der Evolution an wenigen Merkmalen, an Proportionsverschiebungen, quantitativen Veränderungen oder Rückbildungen ab? So kann man fast alle Merkmale der Säugetiere bis zu den Reptilien zurückverfolgen. Und Delphine sind trotz extremer Anpassung an das Leben im Wasser noch immer typische Säugetiere. Auf der zellulären und genetischen Ebene lassen sich Gemeinsamkeiten des Bauplans noch weiter verfolgen: So hat sich gezeigt, dass der genetische Code mit minimalen Abweichungen bei allen Organismen identisch ist. Verschiedene Entwicklungsgene (*Hox*-Gene) schließlich sind im Tierreich so weit verbreitet, dass man in ihnen einen Teil des Genotypus (Gesamtheit der Gene) der ursprünglichsten Vielzeller vermutet hat. Letztlich scheint die Konservativität der Baupläne darin begründet zu sein, dass die Gene ein kompliziertes System von Wechselwirkungen bilden, das nur beschränkte Veränderungen ohne Funktionsverlust zulässt.

Lebensweise und Geschichte – diese beiden Faktoren bestimmen den Bau der Organismen, determinieren und begrenzen ihre evolutionären Möglichkeiten. Im Laufe der Jahrhunderte haben die Biologen diese beiden Gesichtspunkte unterschiedlich betont. Manche Autoren interessierten sich überwiegend für funktionelle Aspekte, für die Zweckmäßigkeit der Lebewesen, andere wie die Idealistischen Morphologen für die zugrunde liegenden Baupläne. Erstaunlich war, wie beständig diese Grundbaupläne bei aller notwendigen Anpassung an die Lebensweise sind. Und gerade weil sie sich nicht oder nur langsam verändern, wurden sie zu den vielleicht wichtigsten Beweisen für eine gemeinsame Abstammung der Organismen und für die Evolutionstheorie.

Physiologie: Die Wissenschaft der Lebensvorgänge

Organismen haben die Fähigkeit, auf die Umwelt gezielt zu reagieren und diese nach den eigenen Bedürfnissen aktiv zu gestalten. Die Organe und Körperteile wirken dabei als Werkzeuge, die gemeinsam einer übergeordneten Aufgabe dienen. «Da jedes Werkzeug seinen Zweck hat», heißt es bei Aristoteles, «und ebenso jedes Glied des Körpers, dieser Zweck aber in einer Verrichtung besteht, so ist klar, daß auch der ganze Leib als Zweck eine umfassende Tätigkeit hat» (Aristoteles, *De partibus animalium*: 44). Der Körper eines Tieres oder einer Pflanze kann so als Werkzeug oder, wie man seit dem 18. Jahrhundert sagt, als eine Maschine aufgefasst werden.

Lassen sich Organismen tatsächlich vollständig als Maschinen verstehen, als komplizierte Maschinen mit erstaunlichen Eigenschaften und Fähigkeiten, aber eben als Maschinen? Oder gibt es spezielle Lebensprinzipen, die Tiere und Pflanzen grundsätzlich von Maschinen unterscheiden? Ist dieses Lebensprinzip eine immaterielle Seele oder eine Naturkraft analog zu den Kräften der Physik? Diese Fragen wurden in jedem Zeitalter, mit jedem technischen und wissenschaftlichen Fortschritt anders beantwortet. Bis in die Gegenwart bilden sie das allgemeine Leitmotiv der Physiologie, der Wissenschaft von den Funktionen der Lebewesen und ihrer Teile (von griech. *physis* ‹Natur› und *logos* ‹Lehre›). Im Laufe der Jahrhunderte hat mit dem Wissen über die Lebensvorgänge auch die Fähigkeit, immer kompliziertere Maschinen herzustellen, zugenommen. Während im 18. Jahrhundert das beliebteste Vergleichsobjekt die mechanische Uhr war, wurden mit jedem technischen Fortschritt andere Maschinen herangezogen, bis hin zu Robotern, die mit künstlicher Intelligenz ausgestattet sind. – Zur Geschichte der Physiologie vgl. Rothschuh 1953, Hall 1975.

Die Säftelehre der Antike

Die ersten Versuche, bei der Erklärung der Lebensvorgänge auf übernatürliche Faktoren zu verzichten, wurden von griechischen Naturphilosophen unternommen. Allgemeine Grundlage ihres Naturverständnisses war die Lehre von den Elementen (Feuer, Wasser, Luft, Erde) und den Qualitäten (heiß–kalt, feucht–trocken). Die Elemente sind unzerstörbar, aus ihrer Mischung entstehen die Dinge, Entmischung bedeutet ihre Zerstörung. In der Physiologie wurde diese Naturauffassung mit der Vorstellung verknüpft, dass die flüssigen Teile des Körpers, die ‹Säfte› (Blut, Schleim, gelbe und schwarze Galle), für seine Funktion entscheidend sind. Grundlegend für die physiologische Theorie der ‹Säftelehre› wurde das *Corpus Hippocraticum*, bei dem es sich um verschiedene Schriften handelt, die im 5. und 4. Jahrhundert vor unserer Zeitrechnung entstanden. Unterschiedliche Mischungen der Elemente und Säfte mit ihren jeweiligen Qualitäten sollen bestimmte Eigenschaften bewirken. Funktion und Gesundheit eines Organs und eines Lebewesens galten als gewährleistet, wenn die jeweils richtige Mischung herrscht. Es handelt sich also um eine rein materielle Erklärung für die Funktionen und Dysfunktionen der Lebewesen, für Gesundheit und Krankheit.

Die Naturforscher in der aristotelischen Tradition hielten dies für unzulänglich und forderten zur Erklärung der Lebensvorgänge einen weiteren kausalen Faktor, ein immaterielles Formprinzip. Nach Aristoteles ist die Natur durch Stufen zunehmender Formung charakterisiert. Zuunterst sind die Elemente. Organismen entstehen aus Mischungen dieser Elemente, ihre eigentlichen Fähigkeiten und ihren Zweck verdanken sie aber dem Formprinzip (der ‹Seele›). Die Pflanzen haben eine ernährende (vegetative) Seele, bei den Tieren kommt eine wahrnehmende (animalische) dazu und bei Menschen schließlich noch eine denkende Seele. Die Lebensvorgänge erklären sich also nach Aristoteles zum einen aus den Eigenschaften der beteiligten Stoffe, zum anderen aus den Zwecken, die von den Seelen verfolgt werden.

Die anatomischen Kenntnisse, die wichtigste empirische Grundlage der Physiologie, waren bei den Hippokratikern und bei Aristoteles noch sehr bruchstückhaft und gingen kaum über die Kenntnis der Zahl und Form einzelner Organe hinaus. Bis zu Galen erfuhr die Anatomie bedeutende Erweiterungen. Er führte auch bereits einfache Experimente durch, um die Funktion der Organe zu beurteilen. Durch die Verbindung des Viererschemas aus Elementen, Qualitäten und Säften mit klimatischen Faktoren (z. B. den Jahreszeiten) sowie persönlichen Determinanten wie Alter und Geschlecht konnte Galen ein sehr differenziertes physiologisches System aufbauen, das die empirischen Forschungen wenig behinderte und erweiterungsfähig war. Ähnlich wie Aristoteles postulierte er verschiedene Seelenkräfte, um die Lebensfunktionen zu erklären. Galens aristotelisches System, das den Höhepunkt und Abschluss der antiken Medizin bildete, prägte die abendländische Physiologie bis ins 17. Jahrhundert.

Organismen als Maschinen

In der Renaissance wurden die physiologischen Theorien der Antike weitertradiert. Zugleich entstanden aus der Anatomie, Physik und Chemie neue Erkenntnisse und Methoden, die den Charakter der Physiologie in den folgenden Jahrhunderten grundlegend veränderten. Ein besseres Verständnis funktioneller Zusammenhänge und Probleme wurde zunächst durch die neue empirische Anatomie der Renaissance möglich. *Leonardo da Vinci* beispielsweise berücksichtigte bei seinen anatomischen Studien auch funktionelle Aspekte. Seine Untersuchungen verschiedener Muskeln hatten auch das Ziel, Verankerungen am Skelett und Hebelwirkungen mechanisch zu verstehen. Er beschäftigte sich zudem intensiv mit der Pumpenfunktion des Herzens und seinen Klappen. Das heißt, Leonardo nutzte neben der Anatomie die Physik, um physiologische Fragen zu lösen.

In dieser Tradition steht auch *William Harvey*. Seine Entdeckung des Blutkreislaufs (1628) beruhte weniger auf neuen Experimenten als vielmehr auf einer kritischen Überprüfung der bekannten Tatsachen. Aus dem Bau des Herzens, dem Bau der

Herz- und Venenklappen, aus Berechnungen der Blutmenge, die aus dem Herzen gepumpt werden, aus dem schon früher entdeckten Weg des Blutes vom rechten Herzen über die Lunge zum linken Herzen und aus wenigen einfachen Versuchen schloss er auf eine Kreisbewegung des Blutes.

Die Einführung der physikalischen Methode bedeutete zugleich den Beginn einer neuen Auffassung der Organismen. Wenn die Lebensfunktionen mit Hilfe physikalischer Prinzipien erklärt werden konnten, so ließ sich dies als Beweis für die Einheit der Natur interpretieren. Kausale Vorgänge bei Organismen und in der unbelebten Natur (beispielsweise bei Maschinen) wären also im Prinzip identisch.

Bereits im 16. Jahrhundert war in der Physiologie eine weitere neue Richtung entstanden, die sich auf die chemischen Bestandteile der Organismen konzentrierte. *Paracelsus* (1493–1541) und seine Schüler wandten sich der Alchemie zu und lehnten mit der antiken Elementen- und Qualitätenlehre auch die aristotelisch-galenische Physiologie ab. Diese als Iatrochemie (von griech. *iatros* ‹Arzt›) bezeichnete Strömung konnte sich zwar zunächst nicht durchsetzen, ihre Auffassung der Lebensprozesse als chemische Vorgänge erwies sich aber als ausgesprochen zukunftsträchtig.

Die Renaissance hatte mit der Neubegründung der Anatomie, Physik und Chemie auch die drei Grundlagen der modernen

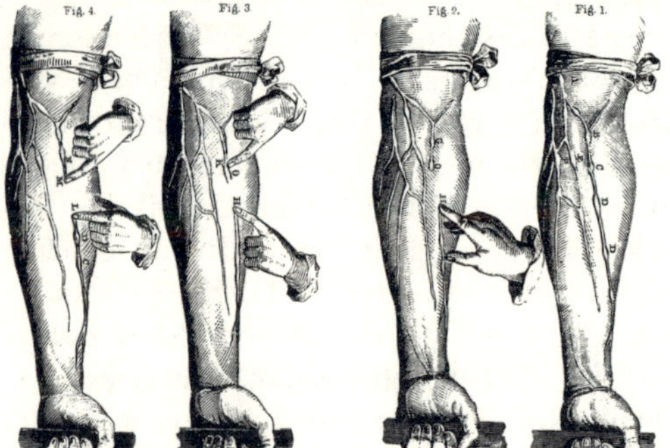

Abb. 10: Experimente zum Nachweis des Blutkreislaufs (Harvey 1628)

Physiologie gelegt. Aber erst im Laufe des 16. und 17. Jahrhunderts kam es mit der Verdrängung der Aristotelischen Naturlehre auch zum Niedergang der Säftelehre. Entscheidenden Einfluss übte in dieser Hinsicht die neue Physik von *Galileo Galilei* (1564–1642) und seinen Zeitgenossen aus, die mit einer Mechanisierung des Weltbildes einherging. Die Natur wurde als ein von Gesetzen determiniertes System bewegter Materie aufgefasst. In bisher unbekanntem Umfange wurde nun auch versucht, die Lebensvorgänge auf Bewegungen der Materie und auf mechanische Ursachen zurückzuführen. Diese Deutungen waren anfänglich oft sehr allgemein und oberflächlich. So glaubte man, die Warmblütigkeit von Säugetieren und Vögeln mit der Reibung des Blutes in den Blutgefäßen erklären zu können.

Der französische Philosoph und Naturforscher *René Descartes* (1596–1650) war einer der ersten Autoren, die sich bemühten, die Lebensvorgänge durchgängig mit physikalischen Prinzipien zu erklären. Atmung, Blutbewegung, Verdauung, die Funktion der Nerven sowie die Wahrnehmung beim Sehen und Hören wurden von ihm anatomisch untersucht und mechanisch erklärt. Den Körper aller Lebewesen betrachtete er als «eine Art von Maschine», «die aus Knochen, Nerven, Muskeln, Adern, Blut und Haut» zusammengesetzt ist. Krankheit und Gesundheit erklären sich gleichermaßen aus den Naturgesetzen, erstere entspreche einer «schlecht angefertigten», letztere einer «richtig gemachten Uhr». Nur eine einzige Ausnahme gab es in diesem physikalisch determinierten System: die Seele der Menschen. Tiere haben für Descartes keine Seele, sondern sie sind reine Maschinen. Die Menschen dagegen bestehen aus zwei Substanzen. Zusätzlich zur «Gliedermaschine» ihres Körpers besitzen sie eine unteilbare und unsterbliche Seele (Descartes 1641: 22, 75). Während bei Aristoteles das Seelenprinzip die Grundlage aller Lebensvorgänge ist, kommen die Organismen bei Descartes bis auf die genannte Ausnahme ohne etwas Entsprechendes aus.

Die Bestrebungen von Descartes und seinen Nachfolgern, die Physiologie und allgemein die Biologie auf eine rein naturwissenschaftliche Basis zu gründen, bedeuteten einen fundamentalen Umbruch. Zugleich galten sie vielfach als oberflächlich und

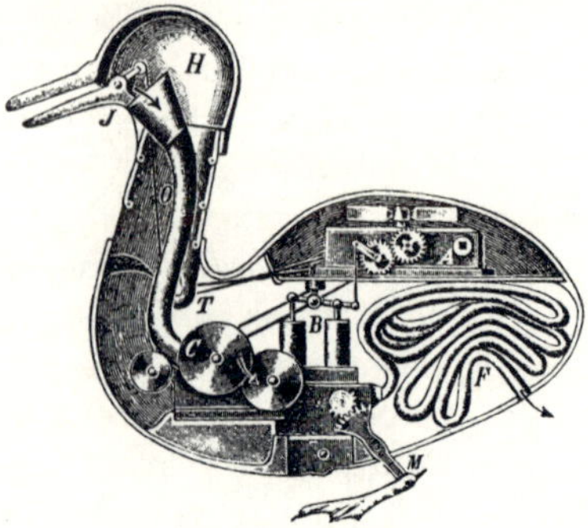

Abb. 11: Künstliche Ente aus dem 19. Jahrhundert (Chapuis & Gélis 1928, Bd. 2: 151)

ihre Methode als inadäquat für die komplexen Phänomene der belebten Welt.

Die Kritik ist allerdings insofern nicht ganz berechtigt, als Descartes und seine Nachfolger wussten und betonten, dass Lebewesen ungleich komplexere Maschinen sind als die zu ihrer Zeit verfügbaren Uhren oder anderen Automaten. Dies gilt auch für die radikalste Ausformung der Maschinentheorie der Organismen, wie sie der französische Aufklärer *Julien Offray de La Mettrie* (1709–1751) in seinem berühmten *L'homme machine* (*Die Maschine Mensch*) entwickelte (1747). Nicht nur Tiere seien Maschinen, sondern auch Menschen seien «nur Tiere und aufrecht kriechende Maschinen». Der Unterschied bestehe lediglich darin, dass Menschen «jenen wunderbaren Instinkt» besitzen, den «die Erziehung zu Geist verwandelt und der seinen Sitz immer im Gehirn» hat. Das Denken wiederum sei «so wenig unvereinbar mit der organisch aufgebauten Materie, daß es ebenso eine ihrer Eigenschaften zu sein scheint wie die Elektrizität, das Bewegungsvermögen, die Undurchdringlichkeit, die Ausdehnung etc.» (La Mettrie 1751: 124–25).

Um dies nachzuweisen, bemüht er – ähnlich wie Charles Darwin mehr als ein Jahrhundert später – die vergleichende Anatomie und die Embryologie, die beide zeigten, dass zwischen Tieren und Menschen vielfältige Parallelen und Übergänge in körperlicher und geistiger Hinsicht bestehen. Der «menschliche Körper ist ein Uhrwerk, aber gewaltig und mit [...] Kunstgriff und Geschicklichkeit konstruiert». Die Seele schließlich sei «nur ein Bewegungsprinzip bzw. ein empfindlicher materieller Teil des Gehirns, den man [...] als eine Haupttriebfeder der ganzen Maschine betrachten kann» (La Mettrie 1751: 112).

Das Neue und Zukunftsträchtige an der Maschinentheorie der Organismen war also nicht der Vergleich mit den mechanischen Uhren des 18. Jahrhunderts, sondern der Versuch, auch die kompliziertesten Eigenschaften der Organismen naturwissenschaftlich und durch die Prinzipien der unbelebten Natur zu erklären.

Animismus und Lebenskraft

Die These von Descartes und seinen Nachfolgern, dass Lebewesen bloße Maschinen sind, stieß auf heftigen wissenschaftlichen und weltanschaulichen Widerstand. So konnte Descartes nicht erklären, wie die lebendigen Maschinen ursprünglich entstanden sind – seine Gegner allerdings auch nicht. Wenn Organismen aber nicht ausschließlich nach den Prinzipien der unbelebten Materie verstanden werden können, wie dann? Schon Aristoteles hatte ein Seelenprinzip postuliert, und auch spätere Autoren akzeptierten einen immateriellen Faktor als wissenschaftlich zufriedenstellende Erklärung.

Einer der wichtigsten Vertreter der neuen Seelenlehre, des Animismus, war der Chemiker *Georg Ernst Stahl* (1660–1734), auf den die Phlogistontheorie der Verbrennung zurückgeht. Er glaubte, dass die typischen Eigenschaften von Organismen wie Belebtheit, Bewegungsfähigkeit, Veränderlichkeit und Fortpflanzung durch eine Seele (*anima*) verursacht werden. Die Seele, so schrieb er 1695, «baut sich den Körper, ernährt ihn und handelt in allem in und mit ihm auf ein bestimmtes Ziel hin, wenn sie zuweilen auch von diesem Ziel abirrt» (Stahl 1695: 37). Obwohl er zugestand, dass die Teile des Organismus eine «mechanische Disposition» haben, sei es nicht möglich, die «Gesetze von Maschinen pneumatischer, hydraulischer, chemischer, mechanischer oder optischer Wirkweise haargenau auf den lebenden Körper anzuwenden» (Stahl 1714: 48–53). Stahls Seelenlehre war noch zu Beginn des 19. Jahrhunderts Vorbild für vitalistische Strömungen in der Physiologie. Als vitalistisch (von lat. *vita* ‹Leben›) werden Theorien bezeichnet, die den Ursprung und die Phänomene des Lebens auf spezielle Kräfte oder Prinzipien zurückführen, die sich von den chemischen und physikalischen Kräften unterscheiden.

Die Mehrheit der Biologen wollte diesen Weg jedoch nicht beschreiten, und so gab es vielfältige Bestrebungen, die Lebensvorgänge in ihrer Besonderheit anzuerkennen, ohne sich aber von den übrigen Naturwissenschaften abzukoppeln. Bereits im 18. Jahrhundert wurden verschiedene Kompromisse zwischen den mechanistischen und vitalistischen Extremen vorgeschlagen. So hatte der schweizerische Naturforscher *Albrecht von Haller* (1708–1777) verschiedene Experimente durchgeführt, die zeigten, dass «die Reizbarkeit in den Teilen übrig bleibt, die von dem Leibe getrennt und der Herrschaft der Seele nicht mehr unterworfen sind» (Haller 1753: 57). Einige Lebensfunktionen waren also nicht auf eine übergeordnete Seele angewiesen. Andererseits weisen die Organismen aber mit Reizbarkeit (Irritabilität) und Empfindlichkeit (Sensibilität) Eigenschaften auf, die in der unbelebten Natur nicht vorkommen.

Als Ursache für die speziellen Lebensvorgänge postulierte man verschiedene Lebenskräfte, die einen Kompromiss zwischen der Maschinentheorie und dem Seelenglauben zu ermöglichen schienen. Einerseits konnten sie analog zu den Kräften der Physik als Naturkräfte aufgefasst werden, andererseits kamen sie nur in Organismen vor, was eine Gleichsetzung mit mechanischen Maschinen unmöglich machte.

Die Entstehung der modernen Physiologie

Die moderne Physiologie entstand im zweiten Drittel des 19. Jahrhunderts als experimentelle und quantitative Wissenschaft, die sich überwiegend physikalischer und chemischer Methoden bediente. Nicht nur Physik und Anatomie, sondern auch Mikroskopie und vor allem die Chemie hatten nun einen Stand des Wissens erreicht, der es möglich machte, ihre Erkenntnisse für die Physiologie zu verwerten. Die wichtigste

Initiative ging von den Schülern des Berliner Anatomen und Physiologen *Johannes Müller* (1801–1858) sowie in Frankreich von *Claude Bernard* (1813–1878) aus. Aus Müllers Schule gingen mit *Emil Du Bois-Reymond* (1818–1892), *Ernst von Brücke* (1819–1896), *Hermann von Helmholtz* (1821–1894) und *Carl Ludwig* (1816–1895) die bedeutendsten Physiologen des 19. Jahrhunderts ebenso hervor wie die Begründer der Zellentheorie Schwann und Schleiden (vgl. Kapitel «Zellentheorie und Endosymbiose»).

Der enorme Erfolg der neuen Methoden aus Physik, Chemie und Technik führte auch zu einem Wiederaufleben der materialistischen Auffassung der Organismen. Eine wie auch immer geartete spezielle ‹Lebenskraft› schien nun überflüssig. Die «Vorgänge in den organischen Wesen [müssen] am letzten Ende» auf einfache Bewegungen von Stoffteilchen zurückführbar sein. Dies wird dazu führen, dass die Physiologie, wie Du Bois-Reymond programmatisch verkündete, «ihr Sonderinteresse aufgebend, ganz aufgeht in die große Staateneinheit der theoretischen Naturwissenschaften, ganz sich auflöst in organische Physik und Chemie» (Du Bois-Reymond 1848: XXXV, L). Du Bois-Reymond, Ludwig und Helmholtz waren vor allem an elektro-

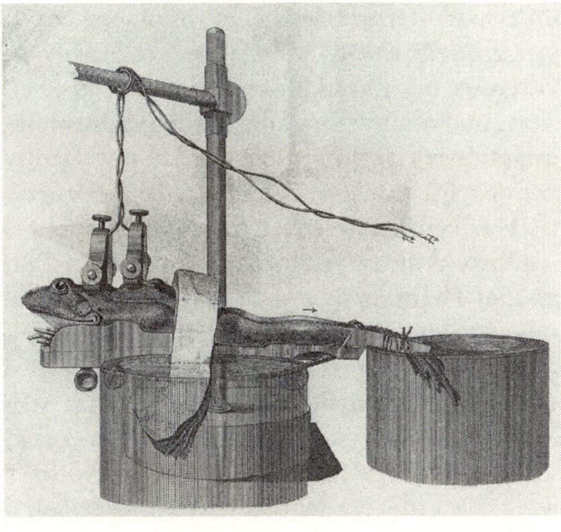

Abb. 12: Tierversuch im 19. Jahrhundert (Du Bois-Reymond 1848: Tafel III)

physiologischen Phänomenen und ihrer Analyse durch quantitative, physikalische Methoden interessiert. So konstruierten sie beispielsweise spezielle Instrumente, mit deren Hilfe sie die Erregungsleitung in Muskeln und Nerven messen konnten.

Zur selben Zeit zeigten die Chemiker, dass sich auch die chemischen Vorgänge in Lebewesen nicht grundsätzlich von denen in der unbelebten Natur unterscheiden. Während der schwedische Chemiker *Jöns Jakob Berzelius* (1779–1848) noch glaubte, dass organische Verbindungen ausschließlich in Organismen als Folge der Lebenskraft entstehen, zeigte sein Schüler *Friedrich Wöhler* (1800–1882), dass sich der Harnstoff, der bisher nur als Produkt des tierischen Stoffwechsels bekannt war, synthetisch herstellen ließ (1828). Besonders *Justus von Liebig* (1803–1873), auch er ein Schüler von Müller, entwickelte in den folgenden Jahrzehnten neue Methoden zur chemischen Analyse der Lebensvorgänge und eine umfassende Theorie des Stoffkreislaufs in der Natur. Ein weiterer, mehr theoretischer Baustein der neuen Physiologie war das Prinzip der Erhaltung der Energie, das von *Julius Robert Mayer* (1814–1878) und *James Prescott Joule* (1818–1889) formuliert und von Helmholtz theoretisch begründet wurde (1847).

Die moderne Physiologie hat das Forschungsprogramm, das im zweiten Drittel des 19. Jahrhunderts entwickelt worden war, mit großem Erfolg weiterverfolgt. Seither werden die Lebensvorgänge mit physikalischen oder chemischen Methoden analysiert, und man ist bemüht, die experimentellen Ergebnisse auch quantitativ zu erfassen. Es werden nur naturwissenschaftlich erkennbare Ursachen akzeptiert, Seelenprinzipien oder immaterielle Lebenskräfte gelten als obsolet.

Obwohl die neue Physiologie mit ihrer Zurückführung biologischer Phänomene auf chemische und physikalische Vorgänge sehr erfolgreich war, hielten Biologen aus anderen Disziplinen diese Methoden zur Untersuchung der Phänomene in ihren eigenen Gebieten für nicht ausreichend. Selbst wenn man wie der Zoologe *August Weismann* (1834–1914) akzeptierte, dass Zellen und Organismen letztlich Maschinen sind, so dürfe man doch die «außerordentliche Kompliziertheit der Maschine [...], welche wir Organismus nennen», nicht ignorieren. Auch Maschinen werden schließlich nicht direkt aus physikalisch-chemischen Kräften oder Energien zusammengesetzt, sondern die Bestandteile müssen in bestimmter Form und Verbindung zusammengefügt werden. Das heißt, die «Lebensmaschine» unterscheidet sich «von anderen Maschinen wesentlich dadurch, daß sie sich selbst aufbaut; sie entsteht durch Entwicklung aus einer Zelle» (Weismann 1913, Bd. 1: 330–31).

Je genauer man die physiologischen Prozesse analysierte, umso klarer wurde, dass sie sich auf chemische Reaktionen zwischen speziellen Molekülen zurückführen lassen. Für die moderne Biologie sind Lebewesen also tatsächlich «chemische Maschinen, welche wesentlich aus kolloidalem Material bestehen und welche die Eigentümlichkeit besitzen, sich automatisch zu entwickeln, zu erhalten und fortzupflanzen» (Loeb 1906: 1). Ihre besonderen, einzigartigen Eigenschaften ergeben sich aus den speziellen Eigenschaften der Makromoleküle, aus denen sie bestehen. Die Entdeckung der Doppelhelix der DNS und ihres Codes (1953/1961) machte besonders deutlich, warum sich Organismen von unbelebter Materie unterscheiden: Außerhalb der Lebewesen gibt es nichts, was mit dem auf der DNS gespeicherten genetischen Programm vergleichbar wäre und Informationen aus einer mehr als drei Milliarden Jahre währenden Evolution enthält.

Embryologie:
Die Entwicklung der Individuen

Organismen entstehen, wachsen und sterben. Dieser Lebenszyklus ist für jede Art höchst charakteristisch und läuft nach einem festgelegten Programm ab. Bei manchen Arten erfolgen die Veränderungen nur langsam, aber da die meisten Tiere und viele Pflanzen eine kürzere Lebensspanne haben als Menschen, lassen sie sich gut beobachten. Dies gilt zumindest für größere Organismen, für die Entwicklung eines Säugetiers nach der Geburt oder eines Vogels nach dem Schlüpfen aus dem Ei. Was aber ist mit anderen Lebewesen, und vor allem, was geschieht vor der Geburt und dem Schlüpfen? Was ist der ursprüngliche Beginn jedes Organismus, welche Kräfte bestimmen die weiteren Veränderungen? Die Wissenschaft von den Formveränderungen, die ein Organismus von seiner Entstehung bis zu seiner völligen Ausbildung durchläuft, nennt man Embryologie (von griech. *em* ‹hinein›, *bryein* ‹quellen›, ‹keimen› und *logos* ‹Lehre›).

Bis ins 19. Jahrhundert wurde die Embryologie von zwei konkurrierenden Modellen beherrscht: Präformation und Epigenese. Die Vertreter der Präformationstheorie glaubten, dass die Individuen schon in ihren frühesten Stadien vollständig ausgebildet sind, also nur noch wachsen und größer werden (von lat. *praeformatio* ‹Vorherbildung›). Die Epigenetiker behaupteten dagegen, dass die Organe und Strukturen in einem Embryo erst nach und nach entstehen (von griech. *epi* ‹hinzu› und *genesis* ‹Werden, Entstehung›). Im zweiten Drittel des 19. Jahrhunderts kam es dann durch die Zellen- und Evolutionstheorie zu neuen Fragestellungen und einem vertieften Verständnis embryologischer Probleme. Man erkannte, dass es sich sowohl beim weiblichen Ei als auch beim männlichen Samen jeweils um eine einzelne Zelle handelt. Die Forscher dieser Zeit interessierten sich vor allem für die Teilungsvorgänge nach der Befruchtung der

Eizelle, die weitere Differenzierung der Zellen und ihre Beiträge zu den Strukturen und Organen. Diese Periode war noch wesentlich deskriptiv. Nach dem Aufkommen der Evolutionstheorie wurde versucht, die Entwicklung eines Individuums auch historisch, als Wiederholung seiner Stammesgeschichte, zu verstehen.

Ende des 19. Jahrhunderts wurde es zunehmend möglich, sich den unmittelbaren Ursachen der Entstehung embryonaler Strukturen zuzuwenden. Die kausale Embryologie (Entwicklungsmechanik) konnte schließlich in Verbindung mit der Genetik und Molekularbiologie den Widerspruch zwischen Präformation und Epigenese auflösen und zeigen, dass beide Modelle sowohl falsche als auch richtige Elemente enthalten. – Zur Geschichte der Embryologie vgl. Hertwig 1915, Needham 1959, Gould 1977, Gilbert 1994.

Von eingeschachtelten Keimen zum Bildungstrieb

Als wichtigster Begründer der Embryologie gilt Aristoteles. Seine Beobachtungen und Theorien formten diese Wissenschaft bis ins 19. Jahrhundert. Aristoteles diskutierte den Ursprung, die Eigenschaften und Funktionen von Samen und Menstruationsblut, die Unterschiede zwischen der Entwicklung von Organismen in Eiern bzw. im Uterus und eine Vielzahl weiterer Aspekte. Prägend für die weitere Geschichte der Embryologie wurden vor allem seine Überlegungen zum jeweiligen Beitrag von Vater und Mutter sowie zur Art der Entwicklung (Präformation oder Epigenese). Aristoteles selbst vertrat eine epigenetische Position:

> «Entweder müßten sich dann alle Körperteile zugleich entfalten, z. B. Herz, Lunge, Leber, Auge usw., oder der Reihe nach […]. Daß die Teile sich nicht zugleich entwickeln, wird man unmittelbar gewahr, da es sich zeigt, daß manche Teile schon vorhanden sind, wenn es andere noch nicht sind. Daß man sie nicht etwa bloß ihrer Kleinheit wegen noch nicht sieht, ist einzusehen: die Lunge, die größer ist als das Herz, tritt in der Anfangsentwicklung erst später hervor als das Herz» (Aristoteles, *De generatione animalium*: 734a).

Die Entwicklung des Embryos kann seiner Ansicht nach nicht von einer äußeren Kraft verursacht werden, da diese zu unspezifisch wäre. Es muss vielmehr im Embryo selbst ein formbildender Faktor enthalten sein, der Aristoteles zufolge vom Samen des Mannes übermittelt wird. Der Samen hat «diese Bewegung und diese Kraftquelle in sich, und wenn diese Bewegung abgeschlossen ist, ist jedes Glied gebildet und belebt» (Aristoteles, *De generatione animalium*: 734a). An zwei zentralen Punkten haben sich die Vorstellungen von Aristoteles als falsch erwiesen. So erhält der Embryo seine Form nicht nur vom männlichen Samen, sondern gleichermaßen von der weiblichen Eizelle. Auch ist die Ursache der Entwicklung kein immaterielles Formprinzip (‹Seele›), sondern ein materielles Genom. Mit der Entdeckung der Struktur des Erbmaterials (DNS) und ihrer Funktionsweise in der zweiten Hälfte des 20. Jahrhunderts wurde klar, dass das, was Aristoteles als seelisches Formprinzip aufgefasst hatte, als ein in der DNS kodiertes, genetisches Programm verstanden werden kann.

Nach der Entstehung der neuzeitlichen Embryologie im 17. und 18. Jahrhundert herrschte zunächst die *Präformationstheorie*. Die meisten Naturforscher und auch Philosophen wie *Gottfried Wilhelm Leibniz* (1646–1716) waren ihre überzeugten Anhänger. Durch sorgfältige Beobachtungen und logische Schlüsse glaubten sie, zu der Annahme gezwungen zu sein, dass der spätere Organismus im Ei oder im Samenfaden als eine Art Miniaturbild fertig angelegt sei. Der holländische Naturforscher *Antoni van Leeuwenhoek* (1632–1723) hatte Lupen mit bis zu 270facher Vergrößerung gefertigt und damit das Sperma von Menschen und Tieren untersucht. Dabei glaubte er in den Spermien innere Strukturen, die Organe der künftigen Organismen, erkennen zu können. Wie bei der Entfaltung einer Blüte aus der Knospe oder bei der Entwicklung eines Insekts aus seiner Puppe soll die Entwicklung nur aus Wachstum und Entfaltung bestehen. Man sprach deshalb auch von ‹Evolution› (von lat. *evolutio* ‹Auswicklung›).

Wie der Präformationist *Albrecht von Haller* (1708–1777) schrieb, war «dasjenige, was sich im vollkommnern Kinde zeigt, schon im zärtern Embryo vorhanden [...], obgleich die Lage, Gestalt und Zusammensetzung, in den ersten Zeiten sehr von derjenigen entfernt schien, die sich nachher zeigt» (Haller 1788: 655). Obwohl also alle Teile des späteren Organismus bereits im Embryo vorhanden sein sollen, sind diese nur schwer zu beobachten, da sie eine andere Größe, Konsistenz und Farbe aufweisen.

Da die Lebewesen der Präformationstheorie zufolge bereits vor der Befruchtung existieren, stellte sich die Frage, ob sie in den Eiern oder in den neu entdeckten Samenfäden enthalten sind. Die Ovisten, zu denen auch Haller zählte, glaubten, dass sich der kleine Organismus im Ei der Mutter befindet (von lat. *ovum* ‹Ei›). Der männliche Same soll nur den äußeren Anstoß für die weitere Entwicklung geben. Die Spermatisten oder Animalkulisten (von lat. *animalkulus* ‹Tierchen›) lokalisierten den Embryo dagegen in den männlichen ‹Samentierchen›. Die Weibchen hätten in diesem Falle, wie schon von Aristoteles behauptet, eine rein nährende Rolle. Der Streit schien zugunsten der Ovisten entschieden, als der Genfer Zoologe *Charles Bonnet* 1745 die Jungfernzeugung der Blattläuse entdeckte und nachwies, dass sich deren Eier auch ohne männlichen Samen entwickeln können. Die Samenfäden hielt man jetzt meist für den Infusorien vergleichbare, parasitische Organismen in der Samenflüssigkeit.

Wie auch immer man sich in diesem Streit entschied, eine Schwierigkeit blieb: Die Tatsache der Ähnlichkeit der Kinder mit Vater *und* Mutter. Besonders deutlich wurde dies bei der Bastardzeugung. So konnte der Botaniker *Joseph Gottlieb Kölreuter* (1733–1806) durch Kreuzungsversuche an Pflanzen zeigen, dass Mischlinge sowohl Eigenschaften vom Vater als auch von der Mutter haben. Es muss also, wie er folgerte, sowohl weiblichen als auch männlichen Samen geben, was «der Lehre von den Saamenthierchen, oder den in dem Eyerstocke

Abb. 13: Samenmännchen (Hartsoeker 1694: 230)

der Thiere und Pflanzen ursprünglich angenommenen und durch den männlichen Saamen zu belebenden Embryonen und Keimen gänzlich widerspricht» (Kölreuter 1761: 40).

Bei folgerichtigem Weiterdenken führte die Präformationstheorie außerdem zu geradezu absurden Konsequenzen. Da keine Neuerzeugung stattfindet, sondern die jüngere Generation in der älteren bereits fertig als Miniaturform eingeschlossen ist, müssen alle Organismen, die je gelebt haben und noch leben werden, im ersten Organismus der jeweiligen Art enthalten gewesen sein (‹Einschachtelungslehre›).

Die Unzufriedenheit mit den Mängeln der Präformationstheorie und ein neues Naturverständnis führten dann Mitte des 18. Jahrhunderts zum Aufkommen der *Theorie der Epigenese.* Als ihr Begründer gilt *Caspar Friedrich Wolff* (1734–1794). In seiner *Theoria generationis* (1759) konnte er durch genaue Beobachtungen zeigen, dass im Ei des Hühnchens die späteren Organe – Darm, Magen, Neuralrohr u. a. – nicht als solche in kleinerem Maßstab vorhanden sind, sondern sich erst allmählich bilden. Daraus schloss er, dass die Entwicklung des Embryos mit einer ungeformten Masse beginnt, die erst durch eine spezielle Kraft ihre Struktur erhält: «Aus der Eigenschaft des Nährsaftes, im Laufe der Zeit zu erstarren, und jener Grundkraft der Pflanzen, durch die ein derartiger Saft, wenn er in Berührung mit einem pflanzlichen Körper kommt, gezwungen wird, in denselben einzutreten, ergeben sich die Gebilde, die wir allgemein als Pflanzen bezeichnen» (Wolff 1759: § 86). Sowohl die Erstarrungsfähigkeit des Nährsaftes als auch die *vis essentialis* (‹wesentliche Kraft›) sollen sich bei einzelnen Pflanzenarten unterscheiden, was die Entstehung ihrer besonderen Eigenschaften erklärt. Äußere Einflüsse wirken nur auslösend und modifizierend.

Newtons physikalische Theorie war das große Vorbild der Epigenese. Was dieser für die Physik geleistet hatte, das wollte man in der Biologie wiederholen – die wesentlichen Kräfte der Natur entdecken. Der kommende ‹Newton eines Grashalms› sollte zeigen, wie ein Organismus auf natürliche Weise durch das Zusammenspiel von Materie und Kraft gebildet wird. Da die biologischen Phänomene aber nicht auf die üblichen physikalischen Kräfte zurückgeführt werden konnten, postulierte man weitere Kräfte, die nur unter bestimmten Bedingungen wirksam sind. Der Göttinger Naturforscher *Johann Friedrich Blumenbach* (1752–1840) nannte die Kraft, die «das neue Geschöpf aus dem ungeformten Zeugungsstoff der alten ausbildet», dann «Bildungstrieb». Dieser Trieb gehöre zu den «Lebenskräften», unterscheide sich aber sowohl von den anderen «Arten der Lebenskraft der organisirten Körper (der Contractilität, Irritabilität, Sensibilität etc.)» als auch von den physikalischen Kräften (Blumenbach 1791: 32).

Mit dem Ende des 18. Jahrhunderts war die Herrschaft der Präformationstheorie vorüber, und die Epigenesis trat als führende Hypothese an ihre Stelle. Aber auch sie hatte große Schwächen. So war der Ursprung der ‹wesentlichen Kraft› bzw. des Bildungstriebes völlig ungeklärt. Im Unterschied zu den Kräften der Physik müssten diese zudem nicht bei allen Organismen in gleicher Weise, sondern je nach biologischer Art verschieden wirken. Das heißt, jede Art müsste ihre eigene Kraft, ihren eigenen Bildungstrieb besitzen. Und schließlich war nicht klar, wie eine Kraft die Differenzierung der Gewebe und Strukturen des Embryos konkret herbeiführen sollte. So kam der Embryologe Oscar Hertwig in seinem historischen Rückblick zu der Einschätzung, dass man der Wolffschen *vis essentialis* Wirkungen zuschreiben müsse, «die ebenso wie die Konsequenzen der Einschachtelungslehre an das Wunderbare streifen». Sie habe «mehr das Wesen einer Wunder- als einer Naturkraft» (Hertwig 1915: 25).

Vergleichende Embryologie

Je mehr embryologische Untersuchungen man an den unterschiedlichsten Tieren durchführte, umso dringender wurde die Notwendigkeit, von der Beschreibung der einzelnen Objekte zu allgemeinen Gesetzmäßigkeiten und Entwicklungstypen zu gelangen. Nach dem Vorbild der vergleichenden Anatomie entstand so zu Beginn des 19. Jahrhunderts eine vergleichende Embryologie. Die einfache Verfügbarkeit hatte zunächst dazu geführt, dass die Entwicklung des Hühnchens im Ei und des Frosches am besten bekannt waren. Später verglich man diese Funde mit der Embryologie von Säugetieren und schließlich mit den unterschiedlichsten Embryonen aus den verschiedenen Tierstämmen. Man konnte nun die Stufen in der Entwicklung eines einzelnen Tieres mit den verschiedenen Stadien bei anderen Tieren vergleichen.

Wie Cuvier an ausgewachsenen Organismen, so zeigte *Karl Ernst von Baer* (1792–1876) anhand der Embryonalentwicklung, dass sich die Tiere in vier größere Stämme mit einem jeweils anderen Organisationstypus einteilen lassen. Die Entwicklung eines Embryos soll nun nach von Baer so verlaufen, dass zuerst die allgemeinsten Merkmale des jeweiligen Stammes angelegt werden, dann die spezielleren, bis schließlich die individuellen Eigenschaften entstehen: Aus «einem Homogenen, Gemeinsamen [bildet sich] allmählich das Heterogene und Specielle» hervor (von Baer 1828: 153). Ein Embryo durchläuft also in umgekehrter Reihenfolge die Ebenen des Natürlichen Systems:

> «Es ist aber zuvörderst ein Vogel überhaupt, nicht ein Vogel aus der Familie der Hühner. Erst allmählig offenbart es sich, daß aus dem Embryo ein Landvogel sich entwickelt, in dem die Schwimmhaut unkenntlich wird, und darauf reiht er sich in die Familie der Hühner ein [...]. Zuletzt tritt der Character der Gattung auf durch den Kamm auf der Spitze, die eigenthümliche Schnabelbildung u.s.w. [...] Endlich bildet sich die Individualität aus, und wird erst mit der Höhe des Lebens außerhalb des Eies vollendet» (von Baer 1828: 139–40).

Von Baers Modell blieb indes nicht unangefochten, zumal es eine Gruppe von Phänomenen gab, die seiner Interpretation der Embryonalentwicklung zu widersprechen schienen. So hatte *Heinrich Rathke* (1793–1860) in den 1820er Jahren entdeckt, dass in der Embryonalentwicklung von Reptilien, Vögeln und Säugetieren Kiemenspalten angelegt werden, die an ein fischartiges Stadium erinnern. Aus diesem Befund könnte man schließen, so argumentierte der vergleichende Anatom

Johann Friedrich Meckel (1781–1833), dass «das höhere Thier in seiner Entwicklung dem Wesentlichen nach die unter ihm stehenden, bleibenden Stufen durchläuft» (Meckel 1821: 396). Wenn es tatsächlich eine Übereinstimmung der «individuellen Metamorphose mit der denkbaren Metamorphose des ganzen Thierreiches» (von Baer 1828: 202) gibt, so wäre dies vor allem auch eine grandiose Bestätigung der Evolutionstheorie.

Das Biogenetische Grundgesetz

Die theoretischen Auseinandersetzungen über das Verhältnis von individueller Entwicklung und Evolution gehören zu den interessantesten Kontroversen in der Biologie des 19. Jahrhunderts. Die individuelle Entwicklungsgeschichte wurde auch als Ontogenie bezeichnet und der Phylogenie (Stammesgeschichte) gegenübergestellt (von griech. *on*, *ont-* ‹seiend›, *phyle* ‹Volksstamm› und *genesis* ‹Werden, Entstehung›). Besonders umstritten war die Frage, ob die Embryonalentwicklung eine Wiederholung der Evolution ist. Muss jedes Individuum in seinem Leben in verkürzter Form die Geschichte seiner Art erneut durchlaufen?

Als einer der ersten hat der nach Brasilien emigrierte, deutsche Naturforscher *Fritz Müller* (1822–1897) Anfang der 1860er Jahre das Verhältnis von Ontogenie und Phylogenie genauer untersucht. Anhand der Embryologie verschiedener Crustaceen (Krebstiere) hatte er festgestellt, dass es Parallelen zwischen individueller und evolutionärer Entwicklung gibt, dass dieser Zusammenhang aber gestört ist:

> «Die in der Entwicklungsgeschichte [= Embryonalentwicklung] erhaltene geschichtliche Urkunde wird allmählich *verwischt*, indem die Entwicklung einen immer geraderen Weg vom Ei zum fertigen Thiere einschlägt, und sie wird häufig *gefälscht* durch den Kampf ums Dasein, den die freilebenden Larven zu bestehen haben» (F. Müller 1864: 77; Hervorhebung im Original).

Ob eine Parallele zwischen Ontogenie und Phylogenie entsteht, sei auch vom Entwicklungsstadium abhängig, in dem neue Va-

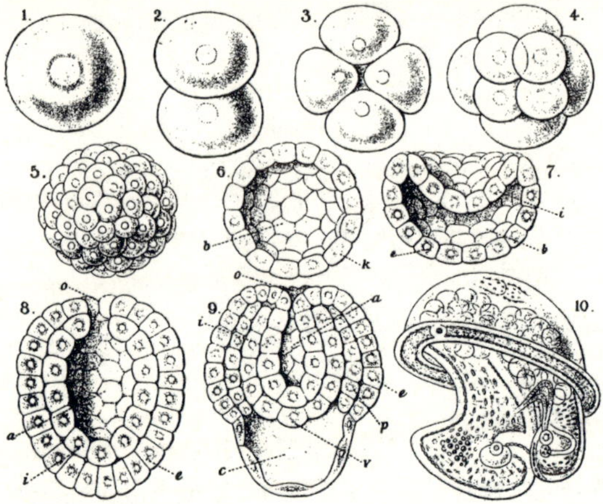

Abb. 14: Bildung der Gastrula (Haeckel 1911, Tafel V)

riationen erfolgen: «Die Nachkommen gelangen also zu einem neuen Ziele entweder indem sie schon auf dem Wege zur elterlichen Form früher oder später abirren, oder indem sie diesen Weg zwar unbeirrt durchlaufen, aber dann statt stille zu stehen noch weiter schreiten» (F. Müller 1864: 75). Im zweiten Fall wird es zu einer Parallele kommen, im ersten Falle nicht.

Der Jenaer Zoologe Ernst Haeckel bezeichnete die Wiederholung der Phylogenie in der Ontogenie später als ‹biogenetisches Grundgesetz› und hoffte so, die evolutionäre Entwicklung anhand embryologischer Untersuchungen rekonstruieren zu können. So postulierte er einen hypothetischen gemeinsamen Vorfahren aller vielzelligen Tiere, die Gastraea (von griech. *gaster* ‹Unterleib, Magen›). Diese lässt sich zwar nicht paläontologisch, wohl aber in der Embryonalentwicklung vieler Tiere als Gastrula-Stadium nachweisen (Haeckel 1872, Bd. 1: 467). Die Gastrula ist in ihrer typischen Form ein doppelwandiger Becher, die Mündung wird als Urmund bezeichnet, der Hohlraum als Urdarm.

Die Verbindung vergleichend embryologischer mit evolutionären Fragestellungen führte zu teilweise spektakulären Ergebnissen. So konnte der russische Embryologe *Aleksandr O. Kowalevsky* (1840–1901) zeigen, dass Ascidien (Seescheiden), die man in der Regel zu den Mollusken gestellt hatte, ein Larvenstadium mit einer Rückensaite (Chorda) durchlaufen, das den Wirbeltieren ähnelt (A. Kowalevsky 1866). Von Darwin und seinen Anhängern wurde dieser Fund als überzeugender Beweis für die Entstehung der Wirbeltiere aus einer Form, die den Larven der Ascidien ähnlich ist, aufgefasst (Darwin 1871, Bd. 1: 205–06).

Embryologie und Zellentheorie

Unverzichtbare Grundlage für die Blüte der Embryologie im 19. Jahrhundert war die Einführung neuer Untersuchungsmethoden. Fortschritte im Bau der Mikroskope, eine verbesserte Zergliederungstechnik (Mikrotome) und nicht zuletzt chemische Hilfsmittel zur Färbung und Konservierung ermöglichten die Anfertigung dünner, durchsichtiger Schnittpräparate aus den ursprünglich weichen und durchscheinenden organischen Strukturen.

Revolutioniert wurde die Embryologie aber auch durch eine theoretische Neuerung: die Zellentheorie (1838). Darunter versteht man die Vorstellung, dass Tiere und Pflanzen aus elementaren Einheiten, den Zellen, bestehen, die sich durch Teilung vermehren, differenzieren und so die verschiedenen Körperteile und Organe hervorbringen. Bereits 1817 war es *Christian Heinrich Pander* (1794–1865) gelungen, die ursprünglich auf Wolff zurückgehende Theorie der Keimblätter zur Grundlage embryologischer Forschung zu machen. An wenige Stunden alten Hühnerembryonen konnte er zwei Schichten trennen, zwischen denen er später noch eine dritte Schicht identifizierte. Pander und andere Embryologen seiner Zeit untersuchten mit großer Ausdauer, wie aus diesen Keimblättern (Ektoderm, Endoderm, Mesoderm) die unterschiedlichen Organe hervorgehen.

Auf Grundlage der Zellentheorie ließ sich diese Methode noch verfeinern und allgemein Aufgabe und Ziel der Embryologie klarer formulieren: Wenn jeder Organismus aus Zellen entsteht, dann musste es möglich sein, jedes einzelne Gewebe, Organ und jeden Körperteil nicht nur auf die Keimblätter, sondern weiter auf ursprüngliche Zellen zurückzuführen. Letztlich ging es darum zu zeigen, wie die Vielzahl von Zelltypen, die einen ausgewachsenen Organismus ausmachen, durch Teilung und Differenzierung aus einer einzigen befruchteten Zelle hervorgehen.

Auch die Entstehung dieser ersten Zelle und damit das Wesen der Befruchtung konnten nun mit mehr Aussicht auf Erfolg neu angegangen werden. Wenn alle Teile des Körpers aus Zellen bestehen, gilt dies auch für den männlichen und weiblichen ‹Samenstoff›? In den 1840 und 1850er Jahren konnte gezeigt werden, dass dies tatsächlich der Fall ist. 1875 schließlich demonstrierten *Eduard Strasburger* (1844–1912) bei Pflanzen und *Oscar Hertwig* (1849–1922) bei Tieren, dass der eigentliche Befruchtungsvorgang durch die Verschmelzung des weiblichen und männlichen Zellkerns erfolgt. Damit war der alte Streit zwischen den Animalkulisten und den Ovisten gelöst. Beide hatten gleichermaßen Recht und Unrecht – Ei- und Samenzelle sind als gleichwertige Elemente an der Befruchtung beteiligt.

Experimentelle Embryologie

Die anatomische Richtung der Embryologie war überwiegend beschreibend und hatte ihre großen Erfolge den Fortschritten der Mikroskopie, d. h. verbesserten Beobachtungsmöglichkeiten, zu verdanken. Die vergleichende Embryologie auf der anderen Seite hatte sich zwar für kausale Aspekte interessiert, diese aber überwiegend im Sinne evolutionärer (ultimater) Ursachen beantwortet. Die Untersuchung der unmittelbaren (proximaten) Ursachen war dagegen in den Hintergrund getreten. In dieser Situation forderten Vertreter der funktionalen Biologie wie *Wilhelm His* (1831–1904) und *Wilhelm Roux* (1850–1924) eine Abwendung von der in ihren Augen spekulativen, evolutionären Embryologie und eine Konzentration auf die direkten, zunächst vor allem mechanischen Einflüsse. His beispielsweise bemühte sich, die Gestaltung des Embryos auf die Formveränderungen einer sich ungleich dehnenden, elastischen Platte zurückzuführen (His 1874).

Die neue kausale, ‹Entwicklungsmechanik› oder ‹Entwicklungsphysiologie› genannte Richtung dominierte die Embryologie von den 1880er bis in die 1930er Jahre. Beobachtung und Vergleich wurden durch das Experiment ergänzt. Eines der zentralen offenen Probleme war, durch welche Ursachen aus einer undifferenzierten Zelle eine Vielzahl differenzierter Zellen, Gewebe und Organe entstehen. Man vermutete zunächst, dass es während der Zellteilung (Mitose) zu einer ungleichen Verteilung der Chromosomen auf die Tochterzellen kommt. Die genauere Analyse der Chromosomenstruktur zu Beginn des 20. Jahrhunderts zeigte dann, dass dies nicht der Fall ist. Erst mit der Entstehung der modernen Molekularbiologie ein halbes Jahrhundert später begann man die Ursachen der Zelldifferenzierung zu verstehen: Die Zellen enthalten zwar in der Regel alle Gene, sie unterscheiden sich aber dadurch, dass ein jeweils anderer Teil aktiviert ist. Forschungsziel der Entwicklungsgenetik ist es seither, die genaue Rolle jedes einzelnen Gens und seiner Produkte, den Zeitpunkt seiner Aktivität und die übergeordnete Kontrolle dieser Maschinerie bei verschiedenen Organismen zu analysieren.

Blickt man auf die Geschichte der Embryologie zurück, so zeigt sich, dass die Lösung langandauernder Kontroversen in manchen Fällen Elemente beider rivalisierender Theorien beinhaltete. Die Kontroverse zwischen Ovisten und Animalkulisten wurde in den 1870er Jahren überwunden, diejenige zwischen Epigenese und Präformation zum Beginn des 20. Jahrhunderts, als die Genetik zwischen Genotypus und Phänotypus unterschied. Der Genotypus (die genetische Konstitution eines Individuums) ist das präformierte Element der Embryonalentwicklung. Es enthält das zukünftige Lebewesen (den Phänotypus) in Form eines genetischen Programms, nicht aber die tatsächlichen Körperteile und Organe. Indem der Genotypus die Entstehung der Organe aus der undifferenzierten Eizelle bestimmt, spielt er aber auch die Rolle des Bildungstriebes der Epigenetiker.

Zellentheorie und Endosymbiose: Warum kooperieren Organismen?

Organismen sind aus mikroskopisch kleinen Grundeinheiten, den Zellen, aufgebaut. Auch bei Geweben, die im ausgewachsenen Zustand keinen Hinweis mehr auf ihren zellulären Ursprung zeigen, lässt sich die ursprüngliche Entstehung aus Zellen embryologisch nachweisen. Der Aufbau aus Zellen ist für die höheren Organismen so charakteristisch, dass man ihn zu den Grundbedingungen für die Erreichung einer komplexeren Organisation zählen kann. Zelluläre Strukturen hatte man bereits im 17. Jahrhundert beobachtet. Ihre Entdeckung und genauere Erforschung war eng mit der Erfindung und Weiterentwicklung des Mikroskops und der mikroskopischen Technik verbunden. – Zur Geschichte der Zellen- und Endosymbiose-Theorie vgl. Hughes 1959, Jahn 1987, Höxtermann 1998.

Die Vorstellungen von der Rolle der Zellen im Organismus haben sich im Laufe der Geschichte stark gewandelt, bevor sich im zweiten Drittel des 19. Jahrhunderts das moderne Verständnis herausbildete. Anfängliche Fehlinterpretationen und Schwierigkeiten konnten bald überwunden werden, und die Zellentheorie führte in vielen Bereichen der Biologie, von der Anatomie über die Embryologie bis zur Vererbungslehre, Physiologie und Pathologie, zu einer neuen Sichtweise. Als man in den folgenden Jahrzehnten den intrazellulären Bau genauer erforschte, entdeckte man, dass Zellen Organellen (Plastiden und Mitochondrien) enthalten, die ursprünglich offensichtlich eigenständige Mikroorganismen gewesen waren. Wie sollte man sich das Verhältnis der Zellen zueinander und zu ihren Plastiden bzw. Mitochondrien verständlich machen? Als Föderation oder Sklaverei, als Symbiose oder Parasitismus?

Monaden und Zellen

Ende des 16. Jahrhunderts hatten holländische Brillenmacher erste einfache Mikroskope erfunden. 1665 beschrieb und zeichnete der englische Naturforscher *Robert Hooke* (1635–1703) in seinem Werk *Micrographia* dann Poren, die er an einer dünnen Korkscheibe gesehen hatte, und nannte sie ‹cellulae› (Kämmerchen). Hooke sah Wände und Hohlräume, womit noch nichts über die biologische Bedeutung dieser Strukturen ausgesagt war. Als erste tierische Zellen wurden wenig später Blutkörperchen durch *Marcello Malpighi* (1628–1694) beschrieben.

Die Suche nach den elementarsten Bausteinen der Lebewesen wurde auch von naturphilosophischen Überlegungen angeregt, und man interpretierte mikroskopisch kleine Kügelchen, Körnchen und Zellen als die Organismen aufbauende ‹Monaden›. Wegweisend wirkten hier neben der Monadenlehre von Leibniz atomistische Spekulationen in der Physik durch *Pierre Gassendi* (1649). Noch stellte man keine Beziehung zwischen den beob-

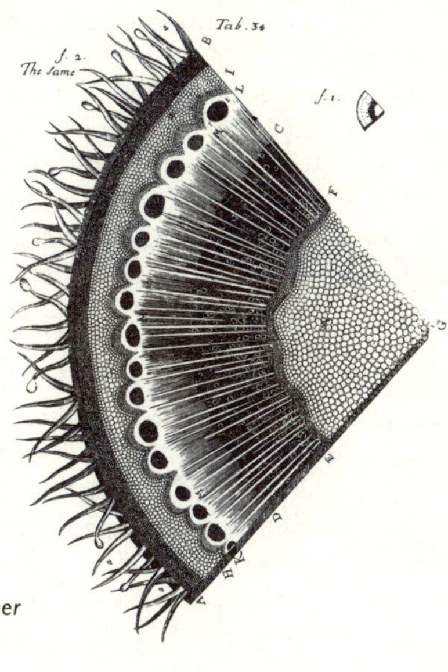

Abb. 15: Zelluläre Strukturen bei einer Pflanze (Grew 1682)

achteten Objekten (den ‹Zellen›) bei Tieren und Pflanzen her. Auch die Verbindung zu den Infusorien (Bakterien, Algen, Protozoen) und den ‹Samentierchen› (Spermatozoen) sah man, trotz der durchaus üblichen Vergleiche zwischen Pflanzen und Tieren, nicht.

Von der freien Zellbildung zur Einheit der Biologie

Zu wirklichen Fortschritten kam es erst in den Jahrzehnten zwischen 1820 und 1840 durch die Konstruktion verbesserter Mikroskoplinsen. Bis zu dieser Zeit hatte man in Zellen neben Fasern und Gefäßen kaum mehr als einen unter mehreren Bausteinen der Tiere und Pflanzen gesehen. Nun erwachte neues Interesse an der Feinstruktur der Organismen, und man begann wieder vermehrt nach dem einheitlichen Grundelement zu suchen. Man entdeckte, dass lebende Zellen nicht leer sind, sondern eine klebrige Flüssigkeit enthalten, die man ‹Sarkode› oder ‹Protoplasma› nannte. Als weiterer regelmäßig vorkommender Zellbestandteil wurde 1831 von *Robert Brown* (1773–1858) der Zellkern identifiziert. Seine Funktion war jedoch zunächst ungewiss.

In den Jahren 1838 und 1839 wurde das neue empirische Wissen über den Aufbau der Zellen und die naturphilosophisch inspirierte Suche nach einem Grundbaustein aller Organismen in einer kühnen Hypothese zusammengeführt: Der Botaniker *Matthias Jacob Schleiden* (1804–1881) und der Zoologe *Theodor Schwann* (1810–1882), zwei Schüler des Anatomen und Physiologen *Johannes Müller*, postulierten eine allgemeine Zellentheorie. Zwei Fragen sollte diese Theorie beantworten: 1) Wie entstehen Zellen? 2) Was für ein Verhältnis besteht zwischen den Zellen und den (vielzelligen) Organismen?

Schleiden veröffentlichte seine Überlegungen erstmals 1838 in den «Beiträgen zur Phytogenesis». Zellen entstehen, so glaubte er, durch «freie Zellbildung». Er nahm an, dass bei der Zellbildung zunächst ein Zellkern, den er Cytoblastus (Zellbildner) nannte, durch Kristallisierung aus dem körnigen Material des Zellinhalts entstehe. Sobald der Kern seine normale Größe erreicht habe, entwickle sich aus ihm die Zelle. Die Funktion des Zellkerns sei damit erfüllt, häufig werde er aufgelöst und resorbiert. Schleidens Theorie der «freien Zellbildung», eine Art Urzeugungstheorie, war falsch, und schon wenige Jahre später kritisierte der Botaniker Julius Sachs, dass in ihr «schwerlich eine einzige richtige Beobachtung» zu finden sei (Sachs 1875: 351).

Sehr viel erfolgreicher war Schleiden bei der Beantwortung der Frage nach dem Verhältnis von Organismus und Zellen. Hier gelang es ihm, eine neue Sichtweise der biologischen Objekte zu etablieren. Traditionellerweise hatte man den ganzen Organismus betrachtet und aus diesem Blickwinkel seine Bestandteile, beispielsweise die Zellen, analysiert. Schleiden dagegen geht von den Zellen aus, die für ihn eigenständige Wesen sind, und interpretiert den Organismus als Zusammenschluss selbständiger Mikroorganismen: «Jede nur etwas höher ausgebildete Pflanze ist aber ein Aggregat von völlig individualisierten in sich abgeschlossenen Einzelwesen, eben den Zellen selbst. Jede Zelle führt nun ein zweifaches Leben: ein ganz selbständiges, nur ihrer eigenen Entwicklung angehöriges und ein anderes mittelbares, insofern sie integrierender Theil einer Pflanze geworden» ist (Schleiden 1838: 137–38).

Bereits im Oktober 1837 hatte Schleiden seinem Berliner Studienfreund, dem Zoologen Schwann, die neuen Hypothesen dargelegt. Dieser griff sie enthusiastisch auf, übertrug sie auf Tiere und fasste ihren Inhalt prägnanter. In seinen *Mikroskopischen Untersuchungen über die Uebereinstimmung in der Struktur und dem Wachsthum der Thiere und Pflanzen* (1839) zeigte Schwann, dass man bei Geweben, die in ausgewachsenem Zustand keinen Hinweis mehr auf ihren zellulären Ursprung zeigen (z. B. Knochensubstanz), die Entstehung aus Zellen im embryonalen Zustand noch sehen kann. Auch die missglückte Theorie der ‹freien Zellbildung› übernahm er, weil sie ein materialistisches Modell der Organismen zu ermöglichen schien. Neue Zellen sollen sich wie anorganische Kristalle aus einer Mutterlauge bilden, und zwar entweder innerhalb vorhandener Zellen oder aus einer zwischen ihnen vorhandenen Bildungssubstanz (Schwann 1839: 226).

Die Zellentheorie wurde von den Biologen enthusiastisch aufgenommen. Innerhalb weniger Jahre wurde die ‹freie Zellbildung› durch die Ansicht ersetzt, dass Zellen nur durch Zellteilung entstehen. Und obwohl viele Einzelheiten des Teilungsvorganges, insbesondere des Zellkerns, noch nicht verstanden wurden, akzeptierten die Biologen bald *Rudolf Virchows* (1821–1902) berühmten Satz: «Omnis cellula a cellula» (‹Jede Zelle aus einer Zelle›) (Virchow 1855: 23).

Die Zellentheorie führte in fast allen Bereichen der Biologie zu neuen Gesichtspunkten und einem vertieften Verständnis vieler Phänomene. Dadurch, dass sie Tiere und Pflanzen auf dieselbe Grundform zurückführte, konnte der «innigste Zusammenhang beider Reiche der organischen Natur» aufgezeigt werden. Die Zellen der Tiere erwiesen sich als «durchaus den Pflanzenzellen analog», und beide zeigten «in ihren vegetativen Lebenserscheinungen zum Teil die merkwürdigste Übereinstimmung» (Schwann 1839: III, 2). Wenige Jahre später wurde klar, dass diese Einheit der Lebewesen noch weit umfassender ist und sowohl «Organismen, die als einzelne Zellen existiren» (die Infusorien), als auch «die ersten Anfänge aller Organismen, wie wir sie in der Form von Eiern erkennen können», einschließt (Vir-

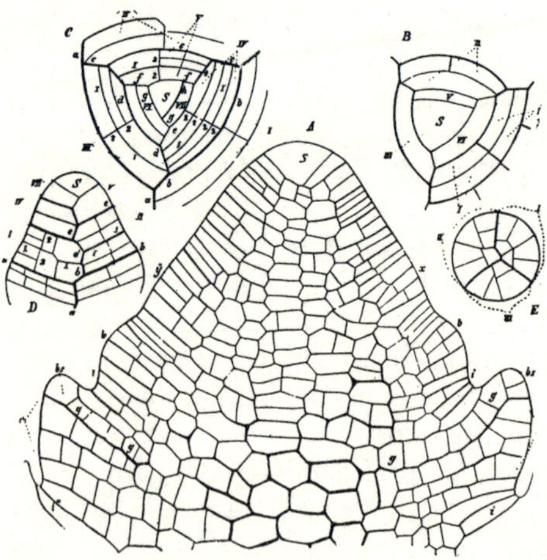

Abb. 16: Vegetationspunkt bei einer Pflanze (Goebel 1884: 209)

chow 1864: 38). Damit war ein Kriterium für die übergeordnete Einteilung aller Organismen in der Systematik gewonnen.

Haeckels Vorschlag, das Tierreich in die Unterreiche ‹Einzeller› (Protozoa) und ‹Vielzeller› (Metazoa) zu unterteilen, hat sich bis heute bewährt. Die Tatsache, dass Tiere, Pflanzen und Infusorien aus demselben Grundelement (den Zellen) bestehen, war ein eindrucksvoller Beweis für die Einheit der Lebewesen und trug mit dazu bei, der Biologie als Wissenschaft einen einheitlichen Gegenstandsbereich zu verleihen.

Ein weiterer Effekt der Zellentheorie war, dass sie intensive Forschungen über Zellteilungen bei Tieren und Pflanzen anregte. Wenn, wie sich bald herausstellte, alle Zellen eines Organismus in ununterbrochener Folge durch Teilung aus der befruchteten Eizelle hervorgehen, dann war auch die Embryologie auf eine neue Grundlage gestellt.

Zellenstaat und Familienselektion

Die Zellentheorie war nicht nur empirisch höchst erfolgreich, sondern wurde auch zum Ausgangspunkt für theoretisch höchst interessante Überlegungen. Einem vielzelligen Organismus, einem Tier oder einer Pflanze, sieht man ja nicht an, dass er aus selbstständigen Einzelorganismen besteht, sondern er verhält sich als Einheit. Bereits die Begründer der Zellentheorie, Schleiden und Schwann, hatten diesen Widerspruch gesehen, konnten ihn aber nicht auflösen. Einerseits ist jede Zelle «innerhalb einer gewissen Grenze ein Individuum, ein selbständiges Ganzes». Andererseits bilden die Zellen mehr als ein bloßes Aggregat und «wirken auf eine uns ungekannte Weise in der Art zusammen, daß daraus ein harmonisches Ganzes entsteht» (Schwann 1839: 2). Dies erfordert eine hochgradige Arbeitsteilung und eine diffizile Regulationsmaschinerie, deren genaue Funktionen erst langsam von der Physiologie und Entwicklungsgenetik aufgeklärt werden.

Im 19. Jahrhundert bemühte man sich, die Kooperation der Zellen in einem Organismus durch die Analogie mit einem Staat verständlich zu machen. Als überzeugter Republikaner hielt

Virchow die einzelnen Individuen in beiden Fällen für das Entscheidende: Leben definierte er als «Thätigkeit dieser kleinen Sonder-Organismen», d. h. der Zellen (Virchow 1864: 38). Entsprechend sah er in vielzelligen Tieren und Pflanzen föderal aufgebaute Republiken, d. h. einen Zusammenschluss weitgehend selbständiger Einzelwesen. Die «Vorstellung, dass jede höhere Organisation des Menschen wie des Thieres gleichsam ein Vorbild des Staates ist, eine föderalistische Einheit, diese Vorstellung wird sich meiner Ueberzeugung nach Bahn brechen» (Virchow 1864: 41). Dies war nun eine interessante Analogie, aber keine Erklärung. Zur Schwierigkeit, warum Zellen in einem Organismus zusammenarbeiten, kam nun noch das weitere Problem hinzu, warum Menschen in Staaten zusammenleben.

Das Problem der Kooperation in der Biologie wurde schließlich durch Darwins Selektionstheorie gelöst, obwohl sich die Konzepte Kooperation und Kampf ums Dasein zunächst zu widersprechen schienen. Nach Darwin kann sich Verhalten nur dann auf Dauer durchsetzen, wenn es nicht im Widerspruch zum Eigeninteresse eines Lebewesens steht. Als primäres Eigeninteresse gilt in der Biologie eine möglichst große Zahl überlebender Nachkommen (‹Fitness›) und nur sekundär das Wohlergehen des Organismus selbst. Das Interesse des Individuums an seinem Wohlergehen führt nicht direkt zum Fortpflanzungserfolg und kann ihm sogar widersprechen. Indirekt ist dieses Verhalten aber wichtig, um zu verhindern, dass der Organismus sich schädigt, bevor es zur Fortpflanzung kommt. Verhalten, das dem so definierten Eigeninteresse des Individuums widerspricht, wird über kurz oder lang verschwinden, da seine Träger aussterben. Im Prinzip muss dies, wenn die Zellentheorie Recht hat, auch für einzelne Zellen gelten. Das heißt, es genügt nicht, auf die übergeordneten Vorteile für das Ganze (den Staat, den Organismus, die Art) zu verweisen, die eine Arbeitsteilung mit sich bringt, sondern das Eigeninteresse jedes einzelnen Individuums muss gewahrt bleiben.

Die überwiegende Masse der Zellen in einem Organismus ist aber von der Fortpflanzung ausgeschlossen, und nur aus einer kleinen Minderheit der Keimzellen entsteht die nächste Generation. Die meisten Zellen in einem Organismus pflanzen sich also nicht fort, was auf den ersten Blick ihrem oben definierten biologischen Eigeninteresse zu widersprechen scheint. Diese genetischen Zusammenhänge waren zu Darwins Zeit noch nicht bekannt, aber ein ähnliches Problem hatte sich bei den sterilen Soldaten und Arbeiterinnen eines Ameisen- oder Bienenstaates ergeben, die auch keine Nachkommen hinterlassen. Darwin argumentierte nun, das sich diese Schwierigkeit überwinden lässt, wenn man «sich daran erinnert, dass Selektion sowohl auf die Familie als auch auf das Individuum angewendet werden kann» (Darwin 1859: 237).

Die Darwinsche Erklärung für die Stabilität eines Bienenstaates oder eines Zellverbandes (Organismus) besteht also darin, dass Individuen (bzw. Zellen) ihre Gene auch indirekt verbreiten können, wenn sie dafür sorgen, dass ihre Verwandten sich fortpflanzen. Je näher zwei Organismen verwandt sind, desto mehr zahlt sich diese Strategie aus, und umgekehrt. Die Zellen in einem Organismus sind nun extrem eng miteinander verwandt. Von gelegentlichen Neumutationen abgesehen, sind sie genetisch identisch, eineiige Zwillinge sozusagen. Die Grundlage für die Kooperation der Zellen in einem Organismus besteht also darin, dass sie eine Kolonie genetisch identischer Einzelzellen, einen Verwandtschaftsverbund, bilden. Die nähere Analogie zum Organismus wäre also nicht der Staat, wie Virchow vermutet hatte, sondern die Familie.

Endosymbiose und bedingte Kooperation

Bereits im 19. Jahrhundert hatte man eine ganze Reihe intrazellulärer Strukturen entdeckt, die den Schluß nahe legten, dass es sich bei Zellen doch nicht um ‹Elementarorganismen›, die Atome der Biologie, handelt, sondern um zusammengesetzte Gebilde. Zur Entstehung der verschiedenen Strukturen (Organellen) innerhalb der Zellen gab es zwei alternative Erklärungen. In der Differenzierungstheorie wurden die Organellen als eine Art Absonderung des Cytoplasmas gesehen. Demgegenüber behauptete die Endosymbiose-Theorie, dass einige Zellbestandteile

(Plastiden und Mitochondrien) eigenständige Organismen sind oder waren. Bereits 1883 äußerte der Botaniker *Andreas Franz Wilhelm Schimper* (1856–1901) beiläufig den Gedanken, dass die Beziehungen der Plastiden «zu dem sie enthaltenden Organismus einigermaßen an eine Symbiose erinnern» (Schimper 1883: 112–13, Fn. 2).

1905 veröffentlichte der russische Botaniker *Konstantin Sergeevič Merežkovskij* (1855–1921) ein umfassendes Plädoyer für die Theorie der Endosymbiose. Folgende Eigenschaften der ‹Chromatophoren› (Plastiden) würden dagegen sprechen, dass es sich um Organe handelt, und dafür, dass es fremde Organismen sind: ihre Kontinuität, ihre Unabhängigkeit vom Zellkern und schließlich ihre Ähnlichkeit mit selbständig lebenden Blaualgen, was den äußeren und inneren Bau, die Ernährungs- und Fortpflanzungsart angeht. «Sind aber», so argumentierte er weiter, «die Chromatophoren keine Organe und sind sie es nie gewesen, dann bleibt nur die eine Möglichkeit übrig – diese Gebilde als Organismen, als Symbionten aufzufassen. [...] Es sind fremde Körper, fremde Organismen, die ins farblose Plasma der Zelle eingedrungen und mit derselben in symbiotisches Zusammenleben getreten sind» (Mereschkowsky 1905: 596).

Merežkovskij erweiterte diese Theorie zu einer umfassenden Evolutionstheorie, in der der Entstehung von Symbiosen eine zentrale Rolle zukommt. Dem Darwinschen Konkurrenzprinzip sollte so die Kooperation als Evolutionsmechanismus gegenüberstehen. 1967 entwickelte die amerikanische Biologin *Lynn Margulis* (* 1938) dann unabhängig von Merežkovskij ein sehr ähnliches Modell der Zellevolution, das seither breite Anerkennung erfahren hat (Margulis 1970).

(Eukaryotische) Zellen entstanden also durch den Zusammenschluss ursprünglich eigenständiger Mikroorganismen, die genetisch nicht näher miteinander verwandt sind. Das enge Zusammenleben unterschiedlicher Organismen war schon länger bekannt. 1878 führte *Anton de Bary* (1831–1888) den Namen ‹Symbiose› für das «Zusammenleben ungleichnamiger Organismen» ein (de Bary 1878: 121). Der Begriff ‹Symbiose› wurde zunächst unabhängig von Vorteil oder Schädigung der Partner verwandt; später unterschied man zwischen Mutualismus und Parasitismus. Was aber ist eine Endosymbiose?

Merežkovskij glaubte, dass es sich um eine asymmetrische Beziehung handelt, in der ein Organismus (die eukaryotische Zelle) auf Kosten anderer (der Plastiden) lebt. Die Endosymbiose wäre also ein Fall von Parasitismus oder eine Form der ‹Sklaverei›: Die Pflanzen enthalten «eine Unzahl von kleinen Arbeitern, grünen Sklaven (Chromatophoren) [...], die für sie arbeiten und sie ernähren» (Mereschkowsky 1905: 604). Ähnlich wie Virchow verweist Merežkovskij auf die Analogie zu einer Staatsform, um seine biologischen Vorstellungen zu verdeutlichen. Sein Modell ist weniger menschenfreundlich als Virchows föderaler Staat, aber ist es zutreffender? Wenn die Selektionstheorie Recht hat, dann ist dies nicht der Fall. Darwin war davon ausgegangen, dass es sich bei einer langandauernden und stabilen Lebensgemeinschaft zweier biologischer Arten nicht um eine parasitäre Beziehung handeln kann, sondern dass sie beiden Seiten Vorteile bringen muss (Darwin 1859: 87). Nach welchen Prinzipien aber kooperieren eukaryotische Zellen und ihre Plastiden bzw. Mitochondrien? Die oben angeführte Kooperation verwandter Organismen aufgrund von Familienselektion kann nicht die Basis sein, da keine nähere genetische Verwandtschaft besteht.

Die Zusammenarbeit nichtverwandter Organismen wird in der Soziobiologie mit dem Prinzip der bedingten Kooperation (‹reziproker Altruismus›) erklärt (Trivers 1971). Es handelt sich dabei um ein Gegenseitigkeitsprinzip, bei dem die Vorteile beider Partner gewahrt bleiben müssen. Mit Hilfe der Spieltheorie hat man Bedingungen simuliert, unter denen sich solche kooperativen Systeme herausbilden und erhalten; notwendig ist beispielsweise die Fähigkeit zur Wiedererkennung (Dawkins 1989). Und es wurde eine Reihe von Verhaltensstrategien identifiziert, die Zusammenarbeit fördern, und solchen, die sie behindern. Diese Strategien müssen, da sie für Bakterien ebenso gelten wie für Pflanzen, Tiere oder Menschen, ohne Bewusstsein und ohne Moral funktionieren. Dabei fand man einige nichttriviale und weit verbreiteten Vorstellungen widersprechende Ergebnisse. So erwies sich bedingungslos altruistisches Verhalten, das auch dann kooperativ bleibt, wenn andere es nicht sind, als schädlich. Es schädigt nicht nur das Individuum selbst, sondern gefährdet die Zukunft der ganzen Gruppe, da es unkooperatives Verhalten belohnt und so zu seiner Verbreitung beiträgt. Dagegen hat sich die einfache Strategie des «Tit for Tat», des «Wie du mir, so ich dir», als ausgesprochen erfolgreich erwiesen: Kooperatives Verhalten wird mit Kooperation beantwortet, unkooperatives Verhalten mit mangelnder Kooperation.

Eignet sich das Gegenseitigkeitsprinzip auch als Grundlage für menschliches Zusammenleben, für Virchows ‹föderalen Staat›? *Edward O. Wilson* (* 1929) und andere Vertreter der Soziobiologie haben dies vermutet. Die «Schlüsselfrage der sozialen Theorie» muss ihrer Ansicht nach «der relative Anteil von hartem und weichem Altruismus» sein, d.h. von Kooperation zwischen Verwandten und dem Gegenseitigkeitsprinzip. Da die Menschen heute in größeren Gemeinschaften (z.B. Staaten) leben, muss Kooperation über den engen Bereich der Familie hinausgreifen. Der «harte, auf Verwandtenauslese beruhende Altruismus [sei ein] Feind der Zivilisation», da er zu insektenhafter Vetternwirtschaft führe. Gegenseitigkeit zwischen entfernt oder nicht verwandten Individuen dagegen sei «der Schlüssel zur menschlichen Gesellschaft» (Wilson 1978: 156). In vielzelligen Organismen sind beide Formen der Kooperation verwirklicht: ‹Harter Altruismus› ist die Basis für die Zusammenarbeit der (miteinander verwandten) Zellen des Organismus. ‹Weicher Altruismus› auf der anderen Seite hat die Entstehung der eukaryotischen Zellen selbst, die auf einer Kooperation nichtverwandter Organismen (Symbiose) beruht, möglich gemacht.

Die Zellentheorie war die Voraussetzung für viele eindrucksvolle Fortschritte, die in der Embryologie, Anatomie, Genetik und anderen biologischen Disziplinen gemacht wurden. Und sie machte eine völlig neue Sichtweise der Organismen möglich, die nun als Zusammenschluss ursprünglich selbständiger Einzelwesen aufgefasst werden konnten. Damit löste sie eine der ganz großen Revolutionen in der Biologie aus, vergleichbar mit Darwins Evolutionstheorie oder der Aufklärung von Struktur und Funktion des Erbmaterials (DNS).

Genetik: Vererbung und Variation

Lebewesen entstehen aus Lebewesen. Auch wenn man bis ins 19. Jahrhundert glaubte, dass einige, meist niedere Tiere oder Pflanzen durch Urzeugung unmittelbar aus Materie gebildet werden können, galt die Fortpflanzung doch als der weit häufigere Fall. Von den meisten Organismen wusste man, dass sie aus Eltern entstehen, denen sie ähnlich sind, ohne ihnen jedoch völlig zu gleichen. Diese Phänomene sind so auffallend, dass sich schon früh Mythen um sie bildeten, deren Relikte sich bis heute in volkstümlichen Regeln erhalten haben. Wie viele der frühen wissenschaftlichen Vererbungstheorien sind sie meist falsch und Ausdruck der jeweils herrschenden Weltanschauungen, Rechtsverhältnisse oder des gesellschaftlichen Status von Männern und Frauen.

Die Weitergabe von Merkmalen bzw. von genetischer Information von einer Generation an die nächste wird als Vererbung bezeichnet. Die Kinder gleichen ihren Eltern aber nicht völlig, sondern es gibt Unterschiede zwischen den Generationen und zwischen den Individuen einer Generation, den Geschwistern. Die Fortpflanzung ist also durch zwei gegensätzliche Prinzipien charakterisiert: durch Vererbung und Variation. Damit sind die beiden großen Themen umrissen, die die Geschichte der Vererbungsforschung prägten:

1) Warum sind Kinder ihren Eltern ähnlich? Was ist für die gleichförmige Wiederkehr bestimmter Eigenschaften verantwortlich, ein materieller Samenstoff, ein immaterielles Seelenprinzip oder eine Naturkraft?

2) Warum sind Kinder und Eltern nicht identisch? Hier gab es seit der Antike zwei Antworten: Zum einen muss es bei sexueller Fortpflanzung zu einer irgendwie gearteten Mischung von Eigenschaften kommen, wenn man davon ausgeht, dass beide

Elternteile etwas beitragen. Schon aus diesem Grund konnten Kinder nie einem ihrer Elternteile völlig gleichen. Zum anderen nahm man an, dass die körperlichen oder geistigen Erfahrungen, die ein Organismus während seines Lebens erwirbt, den Samen verändern können (Vererbung erworbener Eigenschaften). – Zur Geschichte der Genetik und Molekularbiologie vgl. Stubbe 1965, Jacob 1970, Mayr 1982, Olby 1985, Kay 1993.

Samentheorien

Von den Griechen wurde die Vererbung erstmals wissenschaftlich untersucht. Die Vererbung wurde nicht mehr als ein Bereich der Magie und des Aberglaubens betrachtet, sondern als ein Naturphänomen, das mit Beobachtung und Logik erforscht werden kann. Die Vorstellungen der einzelnen Naturphilosophen der Antike darüber, wie Merkmale der Eltern an ihre Nachkommen weitergegeben werden, gingen weit auseinander. Den größten Einfluss auf die spätere wissenschaftliche Entwicklung hatten die Hippokratischen Schriften und Aristoteles.

In den Hippokratischen Schriften wird die Weitergabe der Merkmale bei der Fortpflanzung dadurch erklärt, dass der Samen aus den einzelnen Organen entsteht: «Bei den Menschen geht der Samen sowohl des Weibes als auch des Mannes vom gesammten Körper aus, und zwar von schwachen Teilen schwacher, von kräftigen Teilen kräftiger [Samen]» (Hippokrates, *Der Samen*, VIII, 1). Dieser Pangenesislehre zufolge enthält der Samen materielle Repräsentanten aller Teile des Körpers (von griech. *pan* ‹alles, jedes› und *genesis* ‹Werden, Entstehung›). Außerdem wird so die Vererbung bestimmter erworbener Eigenschaften, beispielsweise von Verstümmelungen, erklärt. Veränderungen in der Generationenfolge kommen auch zustande, weil sowohl Männer als auch Frauen Samen produzieren und die Kinder aus den Mischungen beider entstehen. Damit waren die Ähnlichkeiten der Kinder mit ihren Eltern problemlos erklärt.

Demgegenüber vermutete *Aristoteles*, dass der Samen aus dem Blut entsteht (hämatogene Samenlehre) und dass die Beteiligung der Geschlechter am Zeugungsvorgang unterschiedlich ist. Nur aus «zeugender Kraft» des Mannes und dem «Stoff» der Frau gemeinsam kann ein Lebewesen entstehen. Wichtig ist, dass der Same des Mannes keinen materiellen, stofflichen Anteil, sondern ein seelisches Prinzip überträgt (Aristoteles, *De generatione animalium*: 729a, 730b). Relativ schwierig ist nach dieser Theorie die Erklärung der Ähnlichkeit der Kinder mit der Mutter und die Entstehung von weiblichen Individuen generell. Aristoteles deutete beides als Schwäche des Mannes: Konnte der Vater «sich als Mann nicht durchsetzen, zeugt er ein Weib, konnte er sich als Koriskos oder Sokrates nicht durchsetzen, gleicht das Kind nicht dem Vater, sondern der Mutter» (Aristoteles, *De generatione animalium*: 768a).

Stammbaum und Züchtung

Erst im 18. Jahrhundert wurde die Vererbung wieder zu einem wissenschaftlichen Problem. Eine der wichtigsten offenen Fragen entstand aus der Embryologie und drehte sich um den relativen Anteil der Eltern an den Merkmalen der Nachkommen. Der Präformationstheorie zufolge stammt das Kind ausschließlich von einem Elternteil und ist entweder im Ei oder im Spermium schon fertig ausgebildet vorhanden (vgl. Kapitel «Embryologie»). Es gab nun zwei Methoden, diese Alternativen und die Präformationstheorie allgemein zu überprüfen. Die erste ging von der Wiederkehr bestimmter auffälliger Merkmale in einer Familie aus. Anhand des detaillierten Stammbaumes einer Familie konnte der französische Naturforscher *Pierre Louis de Maupertuis* (1698–1759) zeigen, dass das Auftreten von Polydaktylie (der Besitz von sechs Fingern und sechs Zehen) über mehrere Generationen und bei beiden Geschlechtern vorkommt (1745).

Die zweite Methode zur Aufklärung der Vererbungsvorgänge waren Züchtungsexperimente (sowohl von Hybriden zwischen verschiedenen Arten als auch innerhalb einer Art). Damit ließ sich nicht nur beweisen, dass bei Pflanzen sexuelle Fortpflanzung vorkommt, sondern auch, dass beide Elternteile gleiche Beiträge bei der Vererbung leisten (Kölreuter 1763: 5). Die Ähnlichkeit der bei reziproken Kreuzungen erzeugten Bastarde, die

Kölreuter nachgewiesen hatte, ließ nur den Schluss zu, dass die genetischen Beiträge von Vater und Mutter gleichwertig sind.

Viele Fragen waren aber noch offen geblieben. So wusste man nicht, ob die vom Vater und der Mutter herrührenden Anteile verschmelzen oder unversehrt erhalten bleiben. Und schließlich war unklar, wie die Variationen bei der Vererbung entstehen. Wie stark können äußere Einflüsse oder der Gebrauch und Nichtgebrauch eines Organs die erblichen Merkmale beeinflussen? Waren die Veränderungen nur innerhalb fester Grenzen der Art möglich, oder konnten sie diese überschreiten?

Biologische Arten und die Grenzen der Variabilität

Die zweite große Fragestellung, die im 18. Jahrhundert im Zusammenhang mit der Vererbung auftauchte, entstand aus der Systematik. Fortpflanzung und Vererbung spielen sich – von seltenen Ausnahmen abgesehen – innerhalb einer Art ab, und die Jungen gehören zur selben Art wie ihre Eltern. Umgekehrt wurde die biologische Art als Gruppe von Organismen definiert, die fruchtbare Nachkommen haben. Die bei der Vererbung auftretenden Variationen schienen stets innerhalb der unveränderlichen Grenzen der Art zu bleiben. Die Arten haben «nach den feststehenden Gesetzen der Zeugung zahlreiche, sich selbst immer ähnliche Nachkommen erzeugt» (Linnaeus 1751: These 157). Das Wichtigste an der Vererbung ist hier die Präzision, mit der der Charakter einer biologischen Art bewahrt wird.

Erklärungsbedürftig ist in diesem Weltbild die Veränderlichkeit bei der Fortpflanzung, die Vererbung an sich wird als Selbstverständlichkeit gesehen. Obwohl die Generationenfolge in vielerlei Hinsicht von Kontinuität geprägt ist, erweist sie sich aber auch als plastisch. Dem versuchte man gerecht zu werden, indem man postulierte, dass äußere Einflüsse wie Feuchtigkeit oder Trockenheit des Bodens, Nahrung und Klima erbliche Varianten (z. B. die Rassen) hervorrufen können. Das heißere Klima in Afrika beispielsweise habe zu einer dunkleren Haut geführt, die nach mehreren Generationen erblich wurde.

Schon die Naturforscher des 18. Jahrhunderts nahmen also

an, dass durch den Einfluss der Umwelt oder bestimmte Tätigkeiten des Körpers erbliche Veränderungen ausgelöst werden können. Ende des 19. Jahrhunderts hielt man Lamarck für den Urheber dieses Prinzips der Vererbung erworbener Eigenschaften und sprach deshalb auch von Lamarckismus. Tatsächlich war die Vererbung erworbener Eigenschaften allgemein verbreitet und wurde von den meisten Biologen akzeptiert. Auch Darwin war sich sicher, dass die Umwelt oder der Gebrauch bzw. Nichtgebrauch bestimmter Organe zu erblichen Veränderungen führen. Nach seiner Pangenesis-Theorie können «die Gewebe des Körpers [...] direkt von den neuen Umweltbedingungen beeinflusst werden und in der Folge veränderte Gemmulae abwerfen, die mit ihren neu erworbenen Eigentümlichkeiten an die Nachkommen weitergegeben werden» (Darwin 1868, Bd. 2: 394–95). (Lat. *gemmula* bedeutet eigentlich ‹kleine Knospe›, bei Darwin handelt es sich um hypothetische kleine Partikel).

Das unsterbliche Keimplasma

Charakteristisch für Darwins Erklärung der Vererbung erworbener Eigenschaften ist die alternierende Folge von Körper und Samen. Der Körper setzt den Samen zusammen, dieser wiederum bildet den Körper. Dieses Modell wurde in den 1880er Jahren

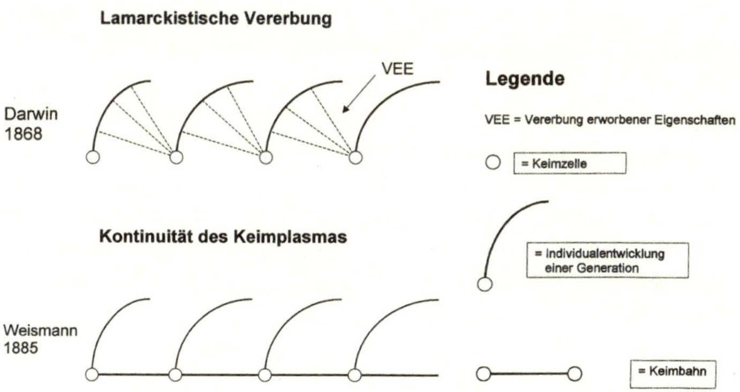

Abb. 17: Vererbung erworbener Eigenschaften und Keimbahn

Abb. 18: August Weismann, 1834–1914 (Museum für Naturkunde, Humboldt-Universität zu Berlin)

durch den Freiburger Zoologen *August Weismann* (1834–1914) infrage gestellt und mit ihm die Vererbung erworbener Eigenschaften. Weismann hatte beobachtet, dass bei den meisten Tieren «die Keimzellen […] schon in der Embryogenese, zuweilen schon ganz im Anfang der Entwicklung von den Körperzellen getrennt» werden (Weismann 1885: 53). Da er zudem (unzutreffenderweise) vermutete, dass der in der Vererbung weitergegebene Stoff beim Aufbau des Organismus verbraucht wird, postulierte er eine strikte Trennung zwischen Keimzellen und Körperzellen.

Die Vererbung und damit die Kontinuität der Organismen in der Evolution beruhen nach Weismanns Modell auf der «Continuität des Keimplasmas» (Weismann 1885), d. h. auf der Kontinuität der erblichen Anteile in Ei- und Samenzellen (Keimbahn). Die Organismen selbst sind sterblich, aber sie sind Träger des unsterblichen Keimplasmas. Dies war eine revolutionäre Sichtweise, in der nicht mehr die Organismen die Hauptakteure waren, die etwas weitergaben (vererbten), sondern das Erbmaterial, das sich die Organismen als Vehikel herstellt. *Richard Dawkins* (* 1941) hat diese Sichtweise in seinem Buch *Das egoistische Gen* (1989) konsequent weitergedacht und von den «unsterblichen Spiralen» (der DNS-Doppelhelix) gesprochen.

Rekombination und Mutation

Wenn es aber keine Vererbung erworbener Eigenschaften gibt, wie entstehen dann erbliche Variationen? Weismann vermutete, dass die Rekombination bei der sexuellen Fortpflanzung diese gesuchte Quelle der Variabilität ist. Die sexuelle Fortpflanzung hat, so schrieb er, «das Material an individuellen Unterschieden zu schaffen, mittelst dessen Selektion neue Arten hervorbringt» (Weismann 1886: 272).

Auch diese Erkenntnis Weismanns stellte einen Bruch mit traditionellen Auffassungen dar, der zufolge die genetischen Anteile der Eltern in den Nachkommen verschmelzen (Mischvererbung). Da bei den meisten Kreuzungen die erste Tochtergeneration relativ einheitlich ist, glaubte man, dass auch das Erbmaterial sich verhält wie zwei Flüssigkeiten, die vermischt werden. Wenn dies der Fall wäre, würde es bei sexueller Fortpflanzung zu einer Vereinheitlichung und nicht zur Produktion von Variabilität kommen.

In den 1870er Jahren hatte man große Fortschritte bei der Beantwortung der Frage gemacht, was bei der Befruchtung übertragen wird. Rätselhaft war zunächst, wie Ei- und Samenzellen in gleicher Weise an der Vererbung beteiligt sein können, obwohl sie sich in Größe und Gestalt stark unterscheiden. Man nahm gewöhnlich an, dass mehrere Samenfäden mit der Eizelle verschmelzen. 1875 konnte Oskar Hertwig dann nachweisen, dass es bei der Befruchtung zur Verschmelzung nur je einer Samen- und Eizelle kommt. In den folgenden Jahren wurde der Vorgang noch genauer lokalisiert. Man erkannte, dass das genetische Material im Zellkern enthalten und die Verschmelzung des weiblichen und männlichen Zellkerns der entscheidende Vorgang bei der sexuellen Fortpflanzung ist.

Die Verschmelzung von Ei- und Samenzelle macht plausibel, warum die Kinder ihren Eltern nicht völlig gleichen, sondern ein Mosaik der Eigenschaften von Vater und Mutter bilden. Die Entstehung neuer erblicher Faktoren blieb damit jedoch unerklärt. Neue erbliche Merkmale wurden bis ins 20. Jahrhundert mit zwei unterschiedlichen Mechanismen erklärt, denen zwei

Arten der Variation entsprechen sollten – die diskontinuierliche und die kontinuierliche Variation. Darwin hatte die kontinuierliche Variation besonders betont, ihre Entstehung und Bedeutung blieb aber unsicher und umstritten, zumal sie oft mit lamarckistischen Ideen verknüpft war.

Auch der holländische Botaniker *Hugo de Vries* (1848–1935), einer der Wiederentdecker der Mendelschen Arbeiten, unterschied zwischen zwei scharf getrennten Formen der Variabilität, einer «fluktuierenden» Variabilität und diskontinuierlichen Sprüngen, die er «Stöße» oder «Mutationen» nannte (de Vries 1901–03, Bd. 1: III–IV). Allein die Mutationen seien für die Evolution von Bedeutung, da die «gewöhnliche Variabilität, [...] auch bei der schärfstens anhaltenden Selection, nicht zu einem wirklichen Ueberschreiten der Artgrenzen führen [kann], viel weniger noch zu der Entstehung neuer constanter Merkmale» (de Vries 1901–03, Bd. 1: 3). De Vries' Mutationstheorie ist ausgesprochen spekulativ, und sie basiert nur auf den Experimenten an einer einzigen Art (Nachtkerze, *Oenothera*). Die Experimente mit anderen Arten schob er einfach mit der Bemerkung beiseite, dass diese sich in immutablen Perioden befinden. Das Konzept der Mutationen, d. h. richtungsloser und sprunghafter Erbänderungen, setzte sich jedoch in modifizierter Form als Erklärung für die Entstehung neuer erblicher Merkmale durch.

Von Mendel zur DNS

Weitgehend unbemerkt von den Vererbungsforschern seiner Zeit hatte der böhmische Mönch *Gregor Mendel* (1822–1884) bereits 1865 einige Beobachtungen publiziert, die die Vererbungstheorie auf eine neue Basis stellen sollten. Im Unterschied zu vielen Züchtern befasste er sich nicht mit dem Gesamtbild, das bei der Kreuzung zweier Arten entsteht, sondern mit einzelnen Merkmalen, und er bemühte sich um quantitative Aussagen.

Mendels vielleicht wichtigster Fund war, dass eine Pflanze zwei Sorten von Eizellen bzw. Pollenkörnern produziert, die jeweils entweder die väterliche oder die mütterliche Anlage enthalten. Da sich «bei den Phanerogamen zu dem Zwecke der

Abb. 19: Gregor Mendel, 1822–1884 (Archiv für Kunst und Geschichte, Berlin)

Fortpflanzung je eine Keim- und Pollenzelle zu einer einzigen Zelle vereinigen», ist in einem befruchteten Ei jedes Merkmal durch zwei (und nur zwei) «Elemente» vertreten, von denen je eines von der Mutter und vom Vater stammt (Mendel 1866: 41). Demgegenüber wurde in anderen Vererbungstheorien seiner Zeit behauptet, dass die Keimzellen mehrere Kopien eines einzelnen Elementes enthalten. Mendel zeigte weiter, dass die «Elemente» (Allele) in der Generationenfolge unverändert erhalten bleiben und dass ab der zweiten Tochtergeneration «nebst den dominirenden Merkmalen auch die recessiven in ihrer vollen Eigenthümlichkeit wieder auf[treten], und zwar in dem entschieden ausgesprochenen Durchschnitts-Verhältnisse 3:1, so daß unter je 4 Pflanzen aus dieser Generation 3 den dominirenden und eine den recessiven Character erhalten» (Mendel 1866: 12). Bei multiplen Partikeln würde das 3:1-Verhältnis dagegen nicht auftreten.

Nach der Wiederentdeckung der Arbeiten Mendels im Jahre 1900, der Formulierung der Mendelschen Gesetze und der Verbindung mit neuen Erkenntnissen zur Struktur der Zellen sowie des Zellkerns entstand die moderne Wissenschaft der Vererbung, die Genetik. Die erste Phase, die bis etwa 1909 andauerte, wird auch als ‹Mendelismus› bezeichnet. Innerhalb weniger Jahre kam es zu beeindruckenden Fortschritten im Verständnis der Vererbungsvorgänge. Eine der faszinierendsten Entdeckungen war die Parallele zwischen dem Verhalten der Chromosomen und demjenigen der Mendelschen Faktoren, die gleichermaßen aufspalten und neu kombinieren. Bereits 1903 bzw. 1904 schlossen *Walter S. Sutton* (1877–1916) bzw. *Theodor Boveri* (1862–1915) hieraus auf eine Chromosomentheorie der Vererbung. Sie postulierten, dass die erblichen Faktoren auf den Chromosomen liegen und die Chromosomen jeweils einen individuellen Bestand an Genen haben. Die Mendelschen Gesetze wären also eine Folge der räumlichen Anordnung des genetischen Materials auf den Chromosomen.

Das Wachstum der Genetik wurde auch von den zahlreichen offenen Fragen stimuliert. Probleme entstanden u. a., da man vor 1910 annahm, dass die Merkmale selbst (der Phänotypus) vererbt werden und nicht nur eine bestimmte Anlage (der Genotypus). Die Worte ‹Genotypus› und ‹Phänotypus› wurden von 1909 von *Wilhelm Johannsen* (1857–1927) eingeführt (Johannsen 1909: 123, 127). Die ‹Phänotypen› definierte er als «die Erscheinungsformen der organischen Welt», d. h. die Organismen selbst. Der ‹Genotypus› dagegen sei die «nicht direkt in die Erscheinung tretende ‹innere Konstitution›» der Zellen. Gene wiederum sind «die einzelnen Elemente oder Einheiten des Genotypus» (Johannsen 1915: 657, 613).

1910 begann mit der ersten *Drosophila*-Publikation von *Thomas Hunt Morgan* (1866–1945) eine neue Phase der Genetik. 1908 hatte er mit genetischen Versuchen an Ratten und Mäusen begonnen, um de Vries' Mutationstheorie zu überprüfen. Säugetiere haben aber vergleichsweise lange Generationszyklen, und ihre Haltung ist aufwändig. *Drosophila* dagegen

Abb. 20: Vier Chromosomenpaare von Drosophila (Morgan et al. 1915: 7)

sind einfach zu halten, wenig anfällig für Krankheiten und produzieren alle zwei bis drei Wochen eine neue Generation. Zudem besitzen sie nur vier Chromosomenpaare, was die begleitenden zytologischen Untersuchungen sehr vereinfacht.

1909 begann Morgan *Drosophila* zu züchten und versuchte, Mutationen hervorzurufen, indem er seine Kulturen verschiedenen Chemikalien, Temperaturen, Radium- und Röntgenstrahlen aussetzte. Mutationen in der von de Vries bei *Oenothera* beschriebenen Größenordnung konnte er zwar nicht entdecken, wohl aber 1910 bei einer männlichen *Drosophila* eine kleine Variation – weiße statt normalerweise rote Augen. Diese Variation verhielt sich wie eine typisch Mendelsche Anlage – wobei rot dominant, weiß rezessiv war –, sie konnte jedoch fast nur an Männchen beobachtet werden. Dieses eigenartige Phänomen schien nur dadurch zu erklären, dass man annahm, dass die Anlage zu roten bzw. weißen Augen auf irgendeine Weise mit dem Faktor verbunden war, der das Geschlecht determiniert. Die Mendelschen Gesetze konnten dieses Phänomen nun in Verbindung mit der Chromosomentheorie der Vererbung überzeugend erklären: Rezessive Anlagen auf dem X-Chromosom werden sich fast ausschließlich bei Männchen zeigen, da diese kein zweites X-Chromosom besitzen. Morgan hatte damit erstmalig den Nachweis erbracht, dass ein phänotypisches Merkmal einem bestimmten Chromosom zugeordnet werden kann.

In den folgenden Jahren baute Morgan auf diesem Fund und mit Hilfe einer Reihe enthusiastischer Mitarbeiter an der Columbia University in New York die moderne *Drosophila*-Genetik auf. Während der ersten Jahre diente ein großer Teil der Forschung dem Ziel, weitere Mutationen zu finden und einzelnen Chromosomen zuzuordnen. Der nächste Schritt bestand darin, die Gene auf den Chromosomen zu lokalisieren. Wie Morgan und *Alfred H. Sturtevant* (1891–1970) folgerten, ist die Wahrscheinlichkeit eines Chromosomenbruchs und Crossing over zwischen zwei Genen umso kleiner, je geringer der räumliche Abstand zwischen den beiden Genorten auf dem Chromosom ist (das Phänomen des Crossing over war 1909 entdeckt worden).

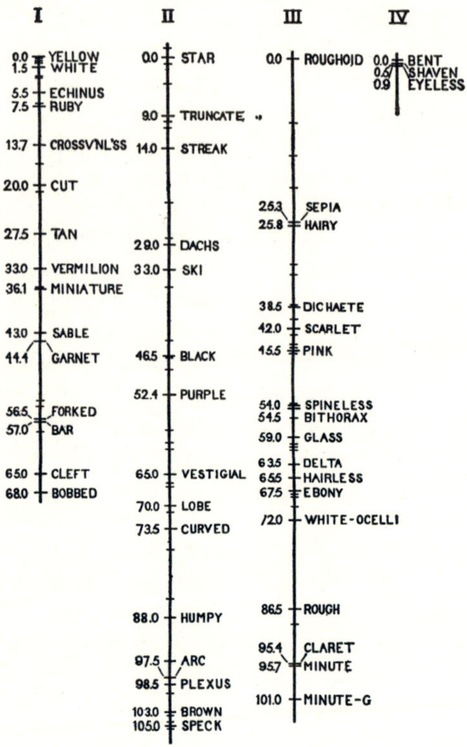

Abb. 21: Chromosomenkarte von Drosophila (Morgan et al. 1922)

Zentrales Ergebnis dieser Versuche war, dass die Gene linear auf den Chromosomen angeordnet sind und feste Orte einnehmen. Die Gene ließen sich vier Koppelungsgruppen zuordnen, was mit den vier Chromosomen von *Drosophila melanogaster* übereinstimmte. Ein weiteres Ergebnis ihrer Arbeit war die Erklärung der in der Natur zu beobachtenden kontinuierlichen Variation mit den diskreten Mendelschen Faktoren. Man erkannte, dass ein einzelnes phänotypisches Merkmal von mehreren Genen kontrolliert werden kann (multifaktorielle, polygene Vererbung), dass Genwechselwirkungen zwischen verschiedenen Genorten existieren (Epistase) und dass ein Gen mehrere Merkmale des Phänotypus beeinflussen kann (Pleiotropie).

Ungeklärt war zu dieser Zeit noch die chemische Basis der Vererbungsvorgänge, die erst in der zweiten Hälfte des 20. Jahrhunderts verstanden wurde. Dieser Erkenntnisfortschritt war eng mit dem Siegeszug der Molekularbiologie, der Wissenschaft vom Bau und der Funktion biologischer Makromoleküle, verknüpft. Neue Methoden und Techniken der Beobachtung und Darstellung (Röntgenstrukturanalyse, Ultrazentrifugation, Chromatographie, radioaktive Markierung, Elektronenmikroskopie), neue Modellorganismen (niedere Pilze, Bakterien u. a.) bzw. Viren und nicht zuletzt die intensive finanzielle Förderung dieser Forschung sollten helfen, die Grundlagen der Lebensphänomene zu verstehen. Dabei bediente man sich vor allem physikalischer, chemischer und mathematischer Methoden. Der molekularbiologische Ansatz erwies sich als ausgesprochen erfolgreich, und es ist wohl nicht übertrieben zu sagen, dass er alle Bereiche der Biologie revolutioniert hat. Von grundlegender Bedeutung war die Aufklärung der materiellen Struktur des Erbmaterials, der DNS-Doppelhelix, und der Funktion der DNS sowohl als Träger der Erbinformation als auch als Bauanleitung der Organismen.

Nukleinsäuren waren seit dem 19. Jahrhundert bekannt, ihre Bedeutung wurde jedoch für mehrere Jahrzehnte verkannt. So setzte sich noch in den 1930er Jahren die Tetranukleotid-Hypothese durch, der zufolge Nukleinsäuren aus einem Satz ihrer vier Bausteine (Adenin, Cytosin, Guanin, Thymin bzw. Uracil), höchstens aus einer monotonen Aneinanderreihung solcher Tetranukleotide aufgebaut sind. Diese Struktur erschien als bei weitem zu einförmig, um die genetische Vielfalt hervorrufen zu können. Als Träger der Erbinformation galten stattdessen Proteine, deren Aufbau aus Aminosäuren bedeutend komplexer erschien. Das Vorkommen der Nukleinsäuren im Zellkern erklärte man beispielsweise mit einer nachgeordneten Funktion als Stützsubstanz. Obwohl in den 1930er und 1940er Jahren durch den Einsatz neuer Methoden (Ultrazentrifugen u. a.) deutlich wurde, dass DNS-Moleküle erheblich größer sind als Proteine, änderte sich an dieser Ansicht zunächst nichts. 1944 konnten *Oswald Theodore Avery* (1877–1955) und seine Mitarbeiter dann nachweisen, dass Nukleinsäuren und nicht Proteine die Träger der genetischen Information sind. Es war bekannt, dass nichtvirulente Typen von Pneumokokken in Anwesenheit abgetöteter virulenter Typen virulent wurden und diese Eigenschaft auch an nachfolgende Generationen weitergaben. Avery konnte zeigen, dass dieses Transformationsprinzip aus reiner DNS besteht.

Eine Reihe weiterer Erkenntnisse, zu den wichtigsten gehören *Erwin Chargaffs* (1905–2002) Befund, dass die Basen Adenin und Thymin sowie Cytosin und Guanin jeweils im Verhältnis eins zu eins vorliegen (1949), sowie Röntgenstrukturanalysen der DNS (1951) durch *Rosalind Franklin* (1920–1958) und *Maurice Wilkins* (* 1916), ermöglichten es dann *James Watson* (* 1928) und *Francis Crick* (* 1916), ein räumliches Modell der DNS zu entwerfen: die berühmte Doppelhelix (1953). Nun erst begann man zu verstehen, wie der geheimnisvolle ‹Samenstoff› strukturiert ist und warum er in der Lage ist, die Eigenschaften eines Individuums auf seine Nachkommen zu übertragen. Die Protein-Theorie der Vererbung war nun definitiv abgelöst. Überraschend war, dass das genetische Material (die DNS) im Gegensatz zu der von der Protein-Theorie vorausgesetzten Annahme selbst nicht am Bau des Organismus beteiligt ist, sondern lediglich als Bauanleitung dient.

Der Weg von der DNS über die RNS (Transkription) zu den Proteinen (Translation) galt als Einbahnstraße, der umgekehrte Weg wurde ausgeschlossen (von Crick 1957 als «zentrales Dogma» der Molekularbiologie bezeichnet). Damit wurde auch die Hypothese der frühen Genetik bestätigt, dass es keine Vererbung erworbener Eigenschaften gibt. 1957 formulierte Crick dann die Sequenz-Hypothese, der zufolge die genetische Information der DNS ausschließlich durch die Reihenfolge ihrer Basen bestimmt wird, die ihrerseits die Aminosäure-Sequenz der Proteine determiniert. 1961 gelang es *Marshall Nirenberg* (* 1927) und *Heinrich Matthaei* (* 1929), eine erste Korrelation zwischen drei Basen und der zugehörigen Aminosäure zu bestimmen. Bis 1965 war der genetische Code dann in den Grundzügen geklärt.

Innerhalb weniger Jahre hatte sich so ein neues Bild und eine neue Sprache der Lebensvorgänge durchgesetzt, mit den zentralen Konzepten genetisches Programm und Information, Transkription, Translation und genetischer Code. Die Entschlüsselung der konkreten biologischen Information, die in der Reihenfolge der Basen der DNS-Doppelhelix enthalten ist, erwies sich als ein ebenso spannendes wie aufwendiges Projekt. Möglich wurde sie durch eine Reihe technischer Innovationen, vor allem die Polymerase-Kettenreaktion (PCR). Mit dieser 1986 von *Kary B. Mullis* (* 1944) vorgestellten Technik lassen sich DNS-Abschnitte beliebig vervielfältigen. Seither laufen Projekte zur Sequenzierung des Genoms verschiedener Organismen auf Hochtouren. Am berühmtesten wurde das 1990 begonnene internationale Human-Genom-Projekt zur Entschlüsselung des menschlichen Erbgutes, das 2001 mit einer ersten annähernd vollständigen (wenn auch vorläufigen) Version abgeschlossen wurde. Zu diesem Zeitpunkt waren bereits die (weniger umfangreichen) Genome anderer Organismen vollständig sequenziert worden: 1996 mit der Bäckerhefe *Saccharomyces cerevisiae* der erste Eukaryot, 1998 mit dem Fadenwurm *Caenorhabditis elegans* der erste Vielzeller, 2000 die Ackerschmalwand *Arabidopsis thaliana* als erste Pflanze und im selben Jahr die Fruchtfliege *Drosophila melanogaster*.

Die Sequenzierung der Genome verschiedener Organismen ermöglicht eine vergleichende Untersuchung, die enormen Erkenntnisgewinn für Systematik, Evolutionstheorie und viele andere Disziplinen der Biologie verspricht. In vielerlei Hinsicht ist die Sequenzierung aber nur ein erster Schritt. So ist die DNS in den Chromosomen zwar als fortlaufende Kette organisiert und wird als solche auch in der Vererbung weitergegeben. Unter funktionellen Gesichtspunkten haben die einzelnen Abschnitte aber sehr unterschiedliche Bedeutung. Wie *François Jacob* (* 1920) und *Jacques Monod* (1910–1976) bereits 1961 zeigten, gibt es nicht nur (Struktur-)Gene, die den Bau eines Proteins bestimmen, sondern auch Regulatorgene, die steuern, unter welchen Bedingungen dies geschieht. In den 1970er Jahren entdeckte man, dass es Sequenzen gibt, die nicht in Proteine übersetzt werden (‹Introns›), und solche, bei denen dies der Fall ist, d. h. die eigentlichen Gene (‹Exons›). Die Identifikation der verschiedenen Gene auf einer DNS, die Bestimmung ihrer Produkte, der Zeitpunkt ihrer Aktivierung und weitere funktionelle Fragen gehören zu den spannendsten Feldern der Molekularbiologie und beherrschen biologische Disziplinen wie Embryologie und Physiologie zunehmend.

Neben der zunächst in erster Linie auf Erkenntnisgewinn abzielenden Sequenzierung und Analyse verschiedener Genome entstand bereits in den 1970er Jahren die stärker anwendungsorientierte Bio- und Gentechnik. Ihr Ziel ist es, Gene in Organismen einzubringen, um diese zur Produktion bestimmter Moleküle anzuregen. Als Werkzeuge dienen dabei ursprüngliche Bestandteile von Organismen, d. h. Enzyme und andere Makromoleküle (Restriktionsenzyme, Polymerasen, Plasmide, DNS- und RNS-Fragmente). Die ersten Restriktionsenzyme, die definierte DNS-Sequenzen erkennen und spezifisch schneiden, wurden Ende der 1960er Jahre entdeckt und isoliert. 1973 gelang es dann erstmals, fremde DNS in ein Bakterium einzuschleusen. Diese erste ‹rekombinante› DNS markiert den eigentlichen Beginn der Gentechnik.

Seither haben sich die Möglichkeiten, einzelne Gene als funktionsfähige Einheiten zu isolieren und gezielt in pflanzliche, tierische oder menschliche Wirtszellen einzubringen, vervielfältigt. Die Gene und ihre Produkte, die ihrerseits die biochemischen Vorgänge in den Zellen steuern, können darüber hinaus verändert werden. Aus den modifizierten Zellen wiederum können ganze Pflanzen oder Tiere entstehen, die dann in allen ihren Zellen die Genveränderungen tragen. Damit lässt sich der oft langwierige und nicht immer zum Erfolg führende Weg herkömmlicher Züchtungsverfahren beschleunigen und ausweiten. Die Produktion körpereigener Stoffe der Menschen (z. B. Insulin) und von Arzneimitteln mithilfe von gentechnisch veränderten Bakterien ist mittlerweile kaum mehr umstritten. Anders sieht es beim Einsatz von gentechnisch veränderten Pflanzen und Tieren in der Landwirtschaft und Medizin aus. Die Gentherapie bei Menschen schließlich ist zudem noch mit beträchtlichen technischen Schwierigkeiten behaftet. Unverkennbar ist aber, dass die Anwendung des neuen biologischen Wissens und der gentechnischen Methoden enorme Chancen beinhaltet und im Begriff ist, die Biologie und die Medizin zu revolutionieren. Problematischer als die noch bestehenden technischen Schwierigkeiten sind wohl die bei der Anwendung der Gentechnik auftretenden Herausforderungen für das soziale und politische Zusammenleben der Menschen. Es ist zu hoffen, dass es gelingen wird, die neuen Techniken in einer für Menschen und Natur gleichermaßen positiven Weise einzusetzen und ihre Chancen zu nutzen.

Paläontologie und Evolutionstheorie: Die Geschichte der Arten

In der Welt der Organismen gibt es zwei unterschiedliche geschichtliche Prozesse. Zum einen die individuelle Lebensgeschichte einzelner Tiere und Pflanzen, die entstehen, wachsen, sich fortpflanzen und sterben (vgl. Kapitel «Embryologie»). Zum anderen die allgemeine und übergreifende Geschichte der Lebewesen auf der Erde. Spätestens seit Ende des 18. Jahrhunderts wusste man, dass die Erde im Laufe ihrer Geschichte von unterschiedlichen biologischen Arten bevölkert gewesen war. Aber noch für mehrere Jahrzehnte wurde überwiegend vermutet, dass dieser Wandel durch den Austausch von Arten zustande kommt, ohne dass zwischen ihnen eine materielle Verbindung besteht. Demgegenüber wird in der Evolutionstheorie behauptet, dass die Arten auseinander hervorgehen (von lat. *evolutio* ‹Auswicklung›, ‹Entfaltung›). Sie wandeln sich, weil sie sich aus jeweils veränderten Individuen zusammensetzen.

Analog zu den beiden historischen Erklärungen für die Entstehung der Individuen – Urzeugung und Fortpflanzung – wurde der Wechsel der Arten im Laufe der Erdgeschichte also entweder auf getrennte Ursprünge oder auf die Entstehung aus bereits existierenden Lebewesen zurückgeführt. Eine erste echte Evolutionstheorie wurde 1809 von dem französischen Naturforscher Lamarck propagiert. Er konnte sich mit seinen Ideen aber nicht durchsetzen. Sehr viel erfolgreicher war Darwin fünfzig Jahre später mit seinem Buch über die Entstehung der Arten (*Origin of Species*). – Zur Geschichte der Paläontologie vgl. Hölder 1960, Rudwick 1985. Zur Geschichte der Evolutionstheorie vgl. Zimmermann 1953, Provine 1971, Mayr 1982, Bowler 1984, Gayon 1998, Mayr & Provine 1998, Junker & Hoßfeld 2001, Junker 2003.

Katastrophen und unbekannte Kräfte

Der wichtigste direkte Beweis für die Veränderung der Arten im Laufe der Erdgeschichte sind die Fossilien, d. h. die Überreste von Organismen früherer Zeiten (von lat. *fossilis* ‹ausgegraben›). Fossilien waren schon seit der Antike bekannt und wurden von einzelnen Autoren auch bereits korrekterweise als Relikte untergegangener Lebewesen gedeutet. Diese Auffassung konnte sich aber zunächst nicht durchsetzen, sondern man ordnete die Fossilien als ‹Naturspiele› zwischen Pflanzen und Mineralien ein. Die versteinerten Formen sollten als Folge einer der Erde zukommenden *vis plastica* (gestaltende Kraft) entstanden sein. Im Laufe des 17. Jahrhunderts wurden einzelne Versteinerungen als Überreste von Organismen erkannt und im Sinne der biblischen Überlieferung als Beweise für die Überschwemmungen der Sintflut gedeutet. Genauere Untersuchungen zeigten dann, dass die versteinerten Organismen von den heutigen abweichen und offensichtlich zum Teil ausgestorben sind. Als weiterer Beweis für eine Geschichte der Arten wurde der schichtenförmige Aufbau der Fossilienfundstätten entdeckt, wobei jede Formation ihre eigene, charakteristische Fauna und Flora aufweist.

Aus diesen Beobachtungen wurde zunächst nicht der Schluß gezogen, dass die Veränderungen der Arten auf Evolution zurückzuführen sind. Man glaubte vielmehr, dass Arten durch einen unbekannten Vorgang jeweils neu entstehen und wieder aussterben, wenn die Umwelt sich zu stark verändert. Die Evolution steht ja in gewisser Weise im Widerspruch zur täglichen Erfahrung. Da sie relativ lange Zeiträume benötigt, lässt sie sich nicht direkt beobachten, sondern ist nur durch Indizien zu erschließen. Auch aus den Fossilfunden ließ sich die Evolution nicht direkt ableiten, da diese meist zu lückenhaft waren (und oft noch sind). So waren es die indirekten Beweise aus Kosmologie, Paläontologie, Systematik, Biogeographie und vergleichender Anatomie, die der Evolutionstheorie den Weg bereiteten. Gleichermaßen wichtig waren auch allgemeine philosophische und weltanschauliche Prinzipien wie der Fortschrittsgedanke, die Idee der Stufenleiter und die Aufklärung.

Die neuen kosmologischen Systeme des 18. Jahrhunderts, denen zufolge die Welt in unendlicher Zeit und in unbegrenztem Raum durch Naturkräfte aus dem Chaos geformt wurde, standen in merkwürdigem Kontrast zur statischen Welt der Naturgeschichte. Die Entdeckung der Vielfalt der Lebewesen in fernen Ländern, unter dem Mikroskop und in tiefen Schichten der Erde, die sich doch in das Natürliche System einordnen ließen, die Entdeckung weniger Grundbaupläne, auf die die Struktur der Organismen zurückgeführt werden konnte, all das deutete auf bestimmte zugrunde liegende Prinzipien hin, «auf ein geheimes Gesetz, auf ein heiliges Rätsel» (Goethe [1817–22] 1987: 420–1). Aus heutiger Sicht schien die Vorstellung der Evolution bereits in der zweiten Hälfte des 18. Jahrhunderts zum Greifen nah, aber selbst die radikalsten Denker konnten sich nicht aus traditionellen Vorstellungen befreien. Sie vermuteten die Lösung des Rätsels der Arten in Urzeugungen statt in der Veränderung bestehender Formen.

Prägend für die erste Hälfte des 19. Jahrhunderts wurden die Ideen von *Georges Cuvier*, einem der Begründer der Paläontologie. Er zeigte, dass die Sedimentschichten des Pariser Beckens aus dem Tertiär eine jeweils spezifische Säugetierfauna aufweisen und dass sich diese umso mehr von der Gegenwart unterscheiden, je älter sie sind. Er deutete diese Ergebnisse jedoch nicht im Sinne der Evolutionstheorie, sondern nahm an, dass als Folge großer Katastrophen zahlreiche Arten untergegangen sind und durch neue, besser angepasste Formen ersetzt wurden (Katastrophentheorie). Cuvier äußerte sich nicht dazu, auf welche Weise neue Arten entstehen (Cuvier 1825).

Zeitgenössische Naturforscher, denen dies nicht genügte, schwankten zwischen religiösen Deutungen oder postulierten eine unbekannte Naturkraft. So schrieb der bedeutende Paläontologe und Morphologe *Heinrich Georg Bronn* (1800–1862) ein Jahr bevor Darwins *Origin of Species* erschien, dass es nur zwei Möglichkeiten zur Erklärung der Entstehung der Arten gibt: Entweder man betrachtet sie «als einen unmittelbaren Ausfluss göttlicher Schöpfungs-Thätigkeit», oder man unterstellt eine «uns noch unbekannte Kraft» (Bronn 1858: 77–78).

Für diese ‹unbekannte Kraft› gilt aber in noch größerem Maße, was wir für den Bildungstrieb in der Embryologie oder die Lebenskraft der Physiologie gesehen haben – sie hat mehr das Wesen einer Wunder- als das einer Naturkraft. So war unklar, wie eine Naturkraft in der Lage sein kann, komplexe Organismen entstehen zu lassen, sie in ein gegebenes Ökosystem einzufügen und dabei eine historische Kontinuität zwischen den Arten herzustellen. Obwohl sich also die Überzeugungen durchgesetzt hatten, dass die Erde in ständigem Wandel begriffen ist und die biologischen Arten sich im Laufe der Erdgeschichte ablösen, sollten diese doch unveränderlich sein. Konstante Arten entstehen und sterben wieder aus, ohne dass sie auf den Wandel der Umwelt durch eigene Veränderungen reagieren können.

Lamarck: Höherentwicklung und Vererbung erworbener Eigenschaften

Auf *Jean Baptiste de Lamarck* geht die erste echte Evolutionstheorie im Sinne einer allmählichen und unbegrenzten Umgestaltung von Arten zurück. Im Jahre 1809, im Geburtsjahr Darwins und genau 50 Jahre vor dessen *Origin of Species*, erschien Lamarcks evolutionstheoretisches Hauptwerk, die *Philosophie Zoologique*. An vielen Punkten baute er auf den Erkenntnissen, Theorien und Spekulationen der Naturforscher des 18. Jahrhunderts auf. Seine Vorstellungen waren auch stark von seinem zoologischen Material beeinflusst, besondere von der Fossiliengeschichte der Mollusken. So hatte er entdeckt, dass es zu vielen lebenden Arten von Meeresmollusken fossile Gegenstücke gibt. In manchen Fällen war es auch möglich, Fossilien in einer zeitlichen Folge bis zu einer modernen Art anzuordnen und so eine durchgängige stammesgeschichtliche Reihe aufzustellen.

Angetrieben wird die Umwandlung der Arten bei Lamarck durch zwei sich ergänzende Mechanismen. Einerseits besitzen die Organismen einen inneren Drang zur Höherentwicklung. Der «Zustand, in dem wir alle Tiere antreffen», ist «das Ergebnis der wachsenden *Ausbildung* der Organisation, die dazu tendiert, eine *regelmäßige Stufenfolge* zu formen». Wenn der Trieb zur Perfektion die einzige Ursache der Evolution wäre, würde man eine einzige, lineare Reihe in Richtung Vollkommenheit beobachten. Andererseits ist der gegenwärtige Zustand «die Folge der Einflüsse einer Menge sehr verschiedenartiger Verhältnisse, welche ständig bemüht sind, die Regelmäßigkeit in der Stufenfolge der wachsenden Ausbildung der Organisation zu zerstören» (Lamarck 1809, Bd. 1: 221; Hervorhebung im Original). Der zweite Evolutionsmechanismus ist also die Fähigkeit der Organismen, sich entsprechend den Umweltbedingungen zu verändern und diese Veränderungen zu vererben (Vererbung erworbener Eigenschaften).

Im Ergebnis sehen wir alle Formen von den unvollkommensten zu den vollkommensten, da es immer wieder zu Urzeugungen einfacher Organismen kommt. Die höchstentwickelten Organismen sind die ältesten, die primitivsten die jüngsten. Dies ist eine Evolutionstheorie, aber keine Theorie der gemeinsamen Abstammung. Die frühesten Infusorien haben sich inzwischen in Säugetiere oder Vögel umgewandelt, insofern handelt es sich um Evolution. Alle heute existierenden Stufen von Lebewesen sind aber nacheinander durch Urzeugung entstanden und deshalb nicht miteinander verwandt.

Der Weg zur Evolutionstheorie war lang und hindernisreich. Sachliche Probleme, die Betonung der Ursprünge seit der Antike, die scheinbar plausible Analogie zur Entstehung des einzelnen Menschen und der Widerspruch zum religiösen Weltbild er-

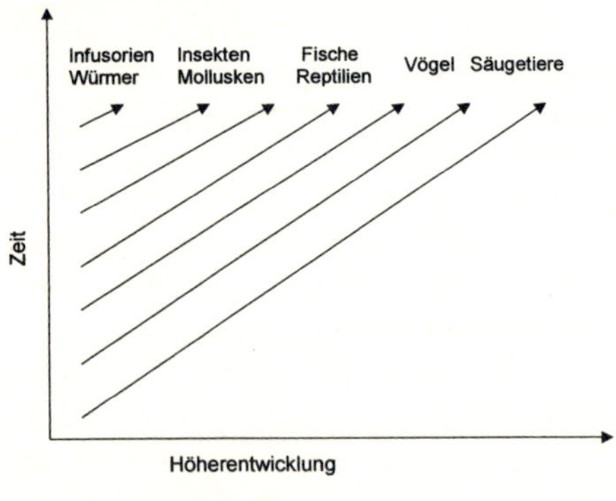

Abb. 22: Lamarcks Modell: Progressive Evolution ohne gemeinsame Abstammung

klären, dass echte Evolutionstheorien erst so spät in der Geschichte entstanden sind. Lamarck war der erste, der das Konzept einer dynamischen, sich im Wandel befindlichen Welt konsequent auf die Organismen übertrug. Er konnte sich mit seinen Ideen aber nicht durchsetzen. Zu spekulativ und unsicher waren noch seine Erklärungen, und die aufkommende politische Restauration hemmte zunächst die weitere Entwicklung.

Darwin: Gemeinsame Abstammung und Selektion

Mehr als jeder andere hat der englische Naturforscher *Charles Darwin* (1809–1882) dafür gesorgt, dass die Evolution von der Phantasie weniger Außenseiter zu einer anerkannten wissenschaftlichen Theorie wurde. Darwin hatte Medizin in Edinburgh und Theologie in Cambridge studiert, bevor sein Leben ein neue Wendung nahm. Wenige Monate nach dem Ende des Theologiestudiums wurde ihm angeboten, das Forschungsschiff *Beagle* auf seiner Fahrt nach Südamerika als Naturforscher und *gentleman companion* des Kapitäns zu begleiten. Als die *Beagle* im Oktober 1836 nach fast fünf Jahren England wieder erreichte, konnte Darwin auf einen reichen Schatz an Beobachtungen und Erfahrungen zurückgreifen, der ihn in kurzer Zeit zu einem der führenden Naturforscher Englands machte.

Schon wenige Monate nach seiner Rückkehr begann er, Spekulationen über die Entstehung der Arten niederzuschreiben. Zwei Überlegungen überzeugten ihn von der Realität der Evolution: Zum einen sind die ausgestorbenen Arten Südamerikas eng mit den heute dort lebenden Arten verwandt. Zum anderen stellte sich heraus, dass die Spottdrosseln, die Darwin auf den Galápagosinseln gesammelt und ursprünglich für Rassen gehalten hatte, unterschiedlichen Arten zugeordnet werden konnten.

Zur Frage der Ursachen der Evolution sympathisierte Darwin eine Weile mit einem ähnlichen Mechanismus wie Lamarck. Der entscheidende Anstoß, einen völlig anderen Evolutionsmechanismus in Erwägung zu ziehen, war die Lektüre von Thomas Robert Malthus' *Essay on the Principle of Population* (1826) im September 1838. Die Theorie von Malthus gehörte in der ersten Hälfte des 19. Jahrhunderts in England zu den populärsten und politisch einflussreichsten Ideen. Als wesentlichen Gedanken übernahm Darwin von Malthus, dass jede biologische Art eine starke Tendenz zur Vermehrung hat, die größer ist als die mögliche Vermehrung der Nahrungsmittel. Zusammen mit der Beobachtung, dass sich die Anzahl der Individuen einer Art auf lange Sicht meist nur wenig ändert, lässt sich aus diesen Beobachtungen schließen, dass es zwischen Mitgliedern einer Art zum Kampf ums Dasein kommen muss.

Darwins origineller Gedanke, der den Kampf ums Dasein zu einem dynamischen Prinzip machte, war die Einzigartigkeit der Individuen. Der Kampf ums Dasein und das unterschiedliche Überleben bzw. der unterschiedliche Reproduktionserfolg einzelner Individuen kann nur unter der Voraussetzung, dass es sich um genetisch unterschiedliche Individuen handelt, zur Veränderung einer Art führen. Obwohl Darwins Prinzipien (Anpassung, Kampf ums Dasein, Individualität) mit den allgemeinen geistigen Ideen seiner Zeit in Wechselbeziehung standen, hat seine Kombination dieser Ideen (das Selektionsprinzip) auf seine Zeitgenossen so fremd gewirkt, dass selbst viele Wissenschaftler es nicht verstanden und sich nur eine Minderheit überzeugen ließ.

Darwin hat nach der Entdeckung des Selektionsprinzips im September 1838 stetig an seiner Theorie des Artenwandels weitergearbeitet. Nach einer bis heute zu Spekulationen reizenden, zehnjährigen Unterbrechung wandte er sich erst im September 1854 wieder der Evolutionstheorie zu. Er hatte bereits große Teile des geplanten Buches vollendet, als am 18. Juni 1858 ein Brief des Naturforschers *Alfred Russel Wallace* (1823–1913) bei ihm eintraf, der sich zu dieser Zeit auf den Molukken aufhielt. Der Brief enthielt ein Manuskript, das Wallace veröffentlichen wollte. Als Darwin es las, war er schockiert: Wallace vertrat nicht nur eine Theorie der Evolution und der gemeinsamen Abstammung, sondern er schlug auch einen Evolutionsmechanismus vor, der fast völlig mit Darwins Selektionstheorie übereinstimmte. Darwin ließ sich von seinen Freunden Joseph Dalton Hooker und Charles Lyell überzeugen, dass eine Veröffentlichung seiner eigenen Ideen zusammen mit

Abb. 23: Charles Darwin, 1809–1882 (Skizze von George Richmond; Cambridge University Library)

dem Manuskript von Wallace dessen Prioritätsrechte nicht verletzen würde.

Zugleich begann er an einer stark verkürzten Version seines Buches zu schreiben. Nach mehr als zwanzig Jahren intensiver gedanklicher Arbeit erschien *On the Origin of Species* schließlich im November 1859. Das Buch machte einen enormen Eindruck auf die englische Öffentlichkeit und wurde für ein wissenschaftliches Buch ein außerordentlicher Verkaufserfolg. Allein in den ersten zwölf Monaten wurden 3800 Exemplare verkauft, und innerhalb weniger Jahre erschienen Übersetzungen in die wichtigsten europäischen Sprachen.

Das weitere Schicksal der einzelnen Theorien Darwins war ausgesprochen unterschiedlich. Ende der 1860er Jahre hatte sich die Theorie der gemeinsamen Abstammung weitgehend durchgesetzt, d. h., die genealogische Einheit der großen Gruppen des Tier- und Pflanzenreiches wurde von den meisten Autoren anerkannt. Auch die Evolution als solche, d. h. die Idee, dass sich Arten langsam verändern können, wurde kaum mehr grundsätzlich in Frage gestellt. Dagegen herrschte keine Übereinstimmung, was die Ursachen der Evolution anbelangt. Der

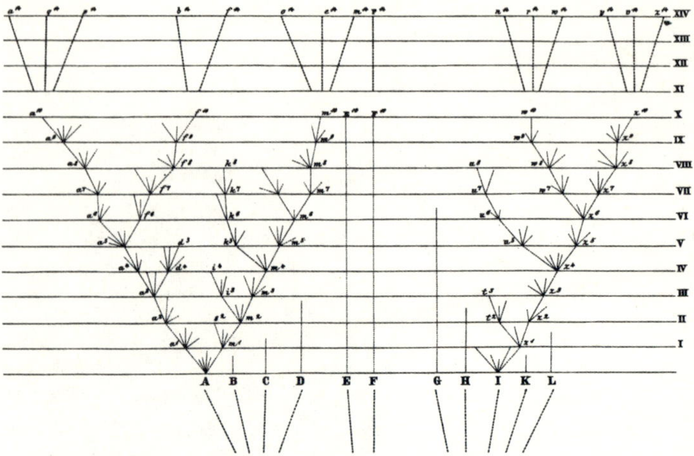

Abb. 24: Gemeinsame Abstammung und Evolution (Darwin 1859: 116)

wichtigste wissenschaftliche Grund war das Fehlen einer überzeugenden Theorie, die erklärt hätte, wie bei der Vererbung Ähnlichkeit und Variabilität entstehen. Ist die erbliche Variabilität überwiegend zufällig und richtungslos, oder ist schon eine bestimmte Richtung vorgegeben, beispielsweise zu größerer Anpassung oder Komplexität? Falls Letzteres zutreffen würde, könnte die Selektion nur innerhalb eines begrenzten Rahmens ihre Wirkung entfalten, und der richtunggebende Faktor hätte eine entsprechend größere Bedeutung. Die Selektionstheorie galt deshalb nur als eine der mehr oder weniger plausiblen Vorstellungen über den Mechanismus der Evolution.

Paläontologie und Evolution

Die Paläontologie hat besondere Bedeutung für die Evolutionstheorie. Während die vergleichende Anatomie die Verwandtschaft der Organismen durch den Nachweis gemeinsamer Baupläne lediglich plausibel machen kann, lässt sich an den fossilen Organismen der tatsächliche historische Gang der Stammesgeschichte ablesen. Als *Origin of Species* erschien, herrschte unter den Paläontologen weitgehende Übereinstimmung, dass in der Erdgeschichte festumschriebene biologische Arten existierten, die genau an ihre jeweilige Umgebung angepasst waren. Die fossilen Quellen zeigten zudem eine allmähliche Veränderung der Tier- und Pflanzenwelt, die in vielen Bereichen progressiv, d. h. von niederen zu höheren Organismen, erfolgte.

Zwei Beobachtungen konnten von der vordarwinschen Paläontologie nur beschrieben, nicht aber erklärt werden: die Entstehung neuer Arten und die abgestufte Verwandtschaft zwischen den fossilen Organismen. So sind beispielsweise die Fossilien benachbarter Schichten näher miteinander verwandt als die entfernterer Formationen. Die Theorie der gemeinsamen Abstammung konnte nun genau diese paläontologischen Phänomene befriedigend erklären. Die Zwischenformen, die *missing links*, die nach der Konstanz der Arten Anomalien sind, wurden nun zum erwarteten Normalfall, während umgekehrt die zahlreichen Lücken in der fossilen Überlieferung erklärungsbedürftige Ausnahmen darstellten.

Die genaue Rekonstruktion der Evolution aus den fossilen Quellen erwies sich als ausgesprochen schwierig. Die größte Bedeutung für die Entwicklung der Evolutionstheorie in der Paläontologie hatten die Arbeiten über die Phylogenese der Pferde (W. O. Kowalevsky 1876).

Darwin hatte auch die Entdeckung von *missing links* zwischen den Tierstämmen prognostiziert, und tatsächlich wurde Anfang der 1860er Jahre ein Vogel mit Merkmalen eines Reptils (*Archaeopteryx*) und ein Reptil mit Vogeleigenschaften (*Compsognathus*) gefunden. Akzeptierte man diese Charakterisierungen, so bedeutete dies, dass es auch zwischen den verschiedenen Klassen von Organismen keine unüberbrückbaren Grenzen gab. Trotz dieser zweifellosen Erfolge gab es aber weiterhin große ungeklärte Probleme. Rätselhaft war beispielsweise das scheinbar unvermittelte Auftreten reichhaltiger und diversifizierter Artengruppen in manchen geologischen Ablagerungen, zum Beispiel das plötzliche Auftreten der großen Tierstämme in den untersten fossilienhaltigen Schichten oder die Massenentfaltung der Blütenpflanzen zu Beginn der Kreidezeit.

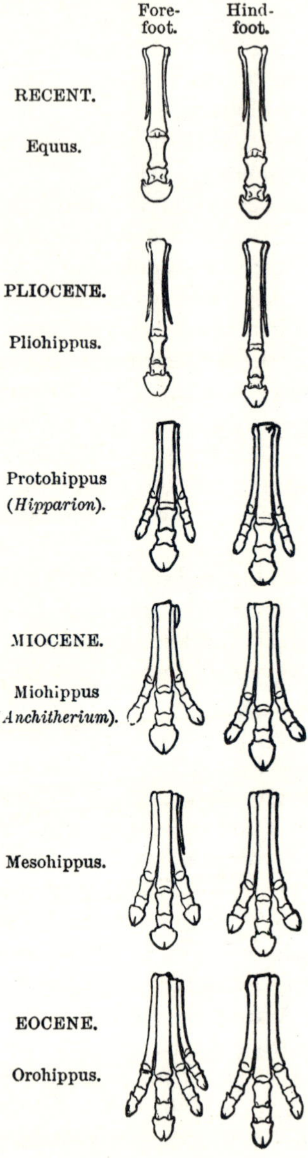

Abb. 25: Evolution des Fußes bei Pferden (Marsh 1879: 503)

Die Zweite Darwinsche Revolution

Darwinismus und Selektionstheorie waren am Ende des 19. Jahrhunderts und in den ersten Jahrzehnten nach 1900 auch nach Ansicht vieler Biologen in einer tiefen Krise. Politische Veränderungen und wissenschaftliche Kritik hatten gleichermaßen dazu geführt, dass ihr Ansehen auf einem Tiefpunkt angelangt war. Die Hoffnungen auf ein Ableben des Darwinismus waren aber verfrüht und nach einer Zeit der Krisen erlebte er in den 1930er Jahren eine erstaunliche Renaissance, es kam zur Zweiten Darwinschen Revolution.

Entscheidende Anstöße zur Entwicklung einer modernisierten darwinistischen Evolutionstheorie gingen von russischen Biologen aus. *Theodosius Dobzhansky* (1900–1975) und *Nikolai W. Timoféeff-Ressovsky* (1900–1981) machten ihre Ergebnisse dann in den USA bzw. in Deutschland bekannt. Unabhängig davon kamen in Deutschland die Botaniker *Erwin Baur* (1875–1933) und *Walter Zimmermann* (1892–1980) zu ähnlichen Ergebnissen. In den 1940er Jahren haben *Julian Huxley* (1887–1975), *George Gaylord Simpson* (1902–1984), *Bernhard Rensch* (1900–1990), *Ernst Mayr* (* 1904) und andere Biologen die neue Theorie weiter ausgearbeitet und auf Systematik und Paläontologie übertragen.

Der entscheidende Fortschritt dieses als Synthetische Evolutionstheorie oder synthetischer Darwinismus bezeichneten neuen Modells war die Neufassung des Evolutionsmechanismus, der auf der Selektionstheorie aufbaute, aber noch weitere Faktoren einbezog. Darwins großes Problem war die Unsicherheit über die Entstehung der erblichen Variabilität gewesen, die eine unerlässliche Voraussetzung für die Wirksamkeit des Selektionsprinzips ist. Die frühen Genetiker hatten mit den Mutationen eine neue Quelle der Variabilität gefunden, diese jedoch zunächst als Alternative zur Selektionstheorie aufgefasst. Ihrer Ansicht nach waren Mutationen zu selten, um die von Darwin geforderten Variationen liefern zu können (vgl. Kapitel «Vererbung»).

Wie *Erwin Baur* als einer der Ersten feststellte, war die noch Mitte der 1920er Jahre «verbreitete Ansicht über die Häufigkeit und das Ausmaß der Faktormutationen [= Genmutationen ...] völlig falsch. Falsch ist die Annahme, dass die Mehrzahl der Faktormutanten Mißgeburten darstellen, und ebenso falsch ist die Annahme, dass Faktormutanten nur sehr selten auftreten». Als Grund für dieses Missverständnis nennt Baur mangelnde experimentelle Erfahrung, wobei zwei charakteristische Eigenschaften der Mutationen Schwierigkeiten verursachen: 1) Die große Mehrzahl der Mutationen ist rezessiv gegenüber dem Ausgangstyp, d. h., sie prägen sich im heterozygoten Zustand nicht im Phänotypus aus und werden erst bei Inzuchtversuchen sichtbar. 2) Die Mutanten sind oft unauffällig. Wenn man aber, so fährt er fort, mit der «richtigen Methodik nach erblichen Varianten sucht, findet man sie» (Baur 1925: 111, 115).

Allgemein müssen die Mutationen bestimmte empirische Eigenschaften aufweisen, um als Lieferant für die genetische Variabilität im Rahmen der Selektionstheorie dienen zu können: Sie müssen unter natürlichen Bedingungen auftreten (‹spontane Mutationen›), sie dürfen nicht zu selten, aber auch nicht zu häufig sein, sie müssen sich auf alle erblichen Eigenschaften beziehen, und sie müssen zumindest in einigen Fällen zu erhöhter Vitalität führen. Ab Mitte der 1920er Jahre bis Mitte der 1930er Jahre gelang es, diese empirischen Eigenschaften von Mutationen nachzuweisen und damit die Brücke zwischen Darwins Selektionsprinzip und der Genetik zu schlagen.

Als zweite wichtige Quelle genetischer Variabilität galt – wie schon bei Weismann – die Rekombination bei sich sexuell reproduzierenden Organismen. Die bei der Rekombination auftretende genetische Durchmischung wurde 1908 von *Wilhelm Weinberg* (1862–1937) und *Godfrey Harold Hardy* (1877–1947) mathematisch beschrieben. Das Konzept einer idealen Population mit rein zufälliger Paarung, deren Allelhäufigkeit bei Abwesenheit anderer Faktoren (z. B. Selektion, Mutation) unverändert bleibt, bildet den grundlegenden Gedanken der mathematischen Populationsgenetik. Auf der Basis dieses vereinfachten Modells konnte man zeigen, unter welchen Bedingungen die Selektion theoretisch Wirkung entfalten kann oder andere Evolutionsfaktoren in den Vordergrund rücken.

Ein wichtiger Fortschritt des synthetischen Darwinismus gegenüber seinen historischen Vorläufern war schließlich die Aufklärung der Vorgänge bei der Aufspaltung einer Art in zwei reproduktiv getrennte Tochterarten. Bereits im 19. Jahrhundert hatte der Forschungsreisende *Moritz Wagner* (1813–1887) behauptet, dass die «Isolirung von Emigranten» eine notwendige «Bedingung zu einer Erhaltung der neuen Merkmale» und zur Bildung getrennter Arten ist (M. Wagner 1868: 56). Die Darwinisten hatten aber, ebenso wie Wagner selbst, zunächst geglaubt, dass dies ein Alternativmechanismus zur Selektion ist. 1942 konnte *Ernst Mayr* überzeugend nachweisen, dass die Isolation eine Voraussetzung zur Aufspaltung von Arten ist, ohne dass dies im Widerspruch zur Weiterentwicklung einer Art durch Selektion steht. Die mechanische (geographische) Isolation zwischen zwei Populationen gilt seither als eigener Evolutionsfaktor, der sich nicht auf Mutation, Rekombination oder Selektion zurückführen lässt, aber auch nicht im Widerspruch zum Selektionsmechanismus steht, sondern ihn ergänzt.

Die Zweite Darwinsche Revolution war außerordentlich erfolgreich, aber eine ganze Reihe evolutionärer Phänomene war in den 1930er und 1940er Jahren zunächst ausgeklammert worden. Auch beruhten einige der populationsgenetischen Theorien auf extrem vereinfachten Modellvorstellungen. Und es kam nur im Ansatz zur Einbindung morphologischer und entwicklungsbiologischer Tatsachen. Diese Mängel waren den Darwinisten in der Regel auch bewusst, man hoffte aber – zurecht wie die weitere Entwicklung zeigte –, eine theoretische Basis gefunden zu haben, von der aus man die vielen offenen Probleme der Evolutionsbiologie angehen konnte. Nach der ersten Phase des synthetischen Darwinismus begann man die Theorie zu erweitern, zu modifizieren, im Detail auszuarbeiten und Widersprüche zu beseitigen. Die Theorie der Evolution ist eines der zentralen Konzepte der Biologie. Ohne sie wären viele biologische Tatsachen kaum mehr als zusammenhanglose Details, und den biologischen Disziplinen von der Genetik und Molekularbiologie, bis zur Systematik, Ökologie und vergleichenden Anatomie würde der innere Zusammenhalt fehlen.

Fortschritte und Erfahrungen

Die moderne Biologie ist ein Kind des 19. Jahrhunderts. In den Jahren zwischen 1835 und 1865 kam es zur Neufassung einer ganzen Reihe grundlegender Theorien und zur endgültigen Emanzipation von der antiken, vor allem aristotelischen Naturphilosophie. In diesen Jahren wurde mit der Zellentheorie, den Theorien der Evolution, gemeinsamen Abstammung und Selektion, der neuen experimentellen Physiologie sowie Mendels Vererbungskonzept die Basis für die erstaunlichen Fortschritte im Verständnis der Organismen gelegt, die seither gemacht wurden. Damit hat sich die Biologie (und mit ihr die Medizin) als letzte der großen Naturwissenschaften aus der antiken Vorstellungswelt befreit. Gleichzeitig wurde sie zu einer eigenständigen Wissenschaft mit einem spezifischen Bestand an Methoden und Theorien. Und obwohl sie enorm von den Fortschritten der Physik, Geologie und Chemie profitierte, gelang es, den eigenen Gegenstand, die besonderen Eigenschaften der Organismen, zu bewahren.

Die fast zweitausend Jahre währende Herrschaft der antiken Naturphilosophie in der Biologie ist weniger ein Zeichen für die Schwäche der neuzeitlichen Naturforschung als vielmehr für die erstaunliche Reife der biologischen Theorien bei den Griechen. Die Neubegründung der biologischen Naturforschung im Spätmittelalter und zur Zeit der Renaissance ging einher mit der Erarbeitung der unverzichtbaren empirischen Grundlagen der Anatomie, Physiologie und Naturgeschichte (Systematik); bei der theoretischen Interpretation der Fakten war man weiterhin der aristotelischen Tradition verpflichtet. Dies gilt auch noch für das 17. Jahrhundert, das mit Expeditionen und der Erfindung des Mikroskops zur Entdeckung neuer Dimensionen biologischer Vielfalt beitrug. Auf theoretischem Gebiet bemühte man sich, die Erfolge der Physik zu wiederholen, indem man sie nachahmte. Die Bestrebungen, die biologischen Phänomene – die Entstehung der Individuen und Arten, Probleme der Physiologie und der Vererbung – mit speziellen Lebenskräften zu erklären, waren zum Scheitern verurteilt. Ein frühes Produkt dieser Denkweise war auch die Maschinentheorie der Organismen, die der Physiologie wichtige Impulse gab, aber an offensichtliche Grenzen stieß, da die damals kompliziertesten Maschinen (Uhren) nur sehr oberflächliche Gemeinsamkeiten mit Tieren und Pflanzen aufweisen.

Wohl auch wegen der Unzulänglichkeit des physikalischen Modells prägten die antiken Konzepte noch die Biologie des 18. und frühen 19. Jahrhunderts. Das gilt für die Embryologie mit ihren Theorien der Präformation und Epigenese ebenso wie für die Systematik, in der die aristotelische Klassifikation und Stufenleiter weiter dominierten. Auch die Theorien über die Entstehung der Arten waren in den Traditionen von Aristoteles und Lukrez befangen (Urzeugung). Lamarcks Evolutionstheorie trägt als Umdeutung der Kette der Wesen noch deutliche Zeichen dieser Herkunft. Eine der wichtigsten methodischen Neuerungen des 18. Jahrhunderts war die systematische Anwendung der vergleichenden Methode. Sie ermöglichte die Entdeckung allgemeiner Baupläne der Organismen, die Aufstellung der höheren Taxa in der Systematik und führte zur Theorie der gemeinsamen Abstammung. Die Arten wurden in dieser Zeit zu einer Grundeinheit der Biologie und mit dem Kriterium der Fortpflanzungsfähigkeit auch biologisch definiert.

Entscheidende Fortschritte wurden durch die moderne Chemie möglich, die Ende des 18. Jahrhunderts entstand. Die Verbindung von Biologie und Chemie war erfolgreicher als frühere Versuche, die Biologie auf physikähnliche Kräfte zu gründen. Obwohl Organismen in vielerlei Hinsicht als physikalische Maschinen verstanden werden können, sind ihre wichtigsten biologischen Charakteristika doch (bio-)chemischer Natur. Ein weiterer ausschlaggebender Baustein war der neue Zeithorizont der Geologie, der die Biologie aus der Zwangsjacke einer nur wenige tausend Jahre währenden Geschichte befreite. Auf dieser

Grundlage und ausgestattet mit verbesserten experimentellen und Beobachtungsmethoden (Mikroskop) entstand im zweiten Drittel des 19. Jahrhunderts die moderne Biologie mit ihren oben genannten zentralen Konzepten. Aber auch später kam es noch zu grundsätzlich neuen Entwicklungen. Besonders zu nennen ist hier die Genetik, die erst in den Jahren nach 1900 begründet wurde, als es gelang, die Ideen Mendels, neue Erkenntnisse über den inneren Aufbau der Zellen und der Chromosomen, Weismanns Konzept der Keimbahn und die Mutationstheorie zu verbinden. In den 1920er bis 1940er Jahren wurde auf dieser Basis auch eine modernisierte Version des Darwinismus begründet (synthetischer Darwinismus). Ein weiterer Höhepunkt in der Geschichte der Biologie war die Entschlüsselung der Struktur der DNS und die Erkenntnis, dass diese sowohl die Einheit der Vererbung ist als auch ein Programm für die embryologische Entwicklung enthält (nach 1953).

Welche Bedingungen haben diese und die vielen kleineren Fortschritte im wissenschaftlichen Verständnis der Lebewesen möglich gemacht? Unverzichtbar war, das ist ganz offensichtlich, der *Einfluss anderer Naturwissenschaften*, vor allem der Physik und Chemie. Mit jedem Schritt, den diese Wissenschaften machten, profitierte auch die Biologie. Die neuen physikalischen Theorien in der Mechanik, Optik, Elektrizitätslehre, Wärmelehre, zur atomaren Struktur usw. eröffneten der anatomischen und physiologischen Forschung jeweils neue Wege. Ähnlich haben Fortschritte im Verständnis chemischer Reaktionen und des Aufbaus komplizierterer Moleküle viele biologische Phänomene erst wissenschaftlich begreifbar gemacht. Problematisch war nur die einfache Übertragung physikalischer Prinzipien auf die Biologie, wie wir das am Beispiel der Lebenskraft gesehen haben. Seit dem 19. Jahrhundert ist die physikalisch-chemische Kausalanalyse, die sich für Ursachen und Wirkungsketten interessiert, eine der zentralen Methoden der Biologie. In vielerlei Hinsicht waren die biologischen Theorien auch von der Philosophie und von der Weltanschauung ihrer Zeit abhängig und verdanken ihnen Erkenntnisse ebenso wie blinde Flecken, Umwege und falsche Spuren.

Physik und Chemie haben auch indirekt zu den Fortschritten der Biologie beigetragen, indem sie eine Verbesserung der Methoden und Instrumente möglich machten. Die normale Beobachtung von Tieren und Pflanzen führt in einigen Bereichen der Biologie wie Systematik und vergleichende Anatomie relativ weit, stößt aber beim inneren Aufbau oder der embryologischen Entwicklung schnell an Grenzen. Zellentheorie, moderne Embryologie und Genetik wären ohne die Fortschritte im Bau der Mikroskope und der begleitenden Techniken der Präparation und Konservierung nicht möglich gewesen. Ähnliches gilt für die experimentelle Methode. Noch heute wird der wissenschaftliche Fortschritt in der Biologie ganz wesentlich von der Entwicklung neuer Methoden der Beobachtung und des Experiments bestimmt.

Viele Erkenntnisse der Biologie verdanken wir also einer *Verfeinerung der Untersuchungsmethoden*. Die Mikroskope ermöglichten neue Wahrnehmungen, die mit den Mitteln des Alltags nicht zu erreichen waren, und mit bewusst variierten Experimenten schuf man neue Erfahrungen und Einsichten in die Ursachen biologischer Phänomene. Der Vergleich wurde nach einem langen Lernprozess zu einem weiteren unverzichtbaren Hilfsmittel der Biologie. Nicht jeder Vergleich ist per se sinnvoll, und vor allem die bis ins 19. Jahrhundert beliebten Analogien zwischen Mikro- und Makrokosmos erwiesen sich als wenig aussagekräftig. Die Vergleiche zwischen dem Atmen und dem Wechsel von Ebbe und Flut oder zwischen dem Blutkreislauf und der Kreisbewegung der Planeten beispielsweise lieferten kaum interessante Informationen, da sich die Ähnlichkeiten auf unwesentliche Teilaspekte der verglichenen Phänomene beziehen, während alle anderen und die wichtigen Eigenschaften sich unterscheiden. Es bedurfte einer langen historischen Entwicklung, bis man erkannte, welche Vergleiche in der Biologie weiterführen. Als letzte Methode sei noch die Züchtung von Tieren und Pflanzen genannt, die für die Vererbungs- und Evolutionstheorie von großer Bedeutung wurde.

Unverzichtbar für die Entstehung der modernen Biologie war auch die Entstehung einer professionalisierten *Wissenschaftsor-*

ganisation, von Institutionen, die eine geregelte Ausbildung und Forschung ermöglichen, von Fachgesellschaften, Zeitschriften und anderen Publikationsmöglichkeiten, von Wissenschaftsverlagen usw.

Als vierte Bedingung für die Fortschritte der Biologie seien schließlich neue *Konzepte und Theorien* genannt. Am wichtigsten war die Entwicklung der wissenschaftlichen Denkweise selbst. Sie begann in der griechischen Antike, wurde im 16. Jahrhundert wieder aufgegriffen und hat im 19. Jahrhundert ihren vorläufigen Höhepunkt erreicht. Zentrale Grundlage der Naturwissenschaften ist seither die Suche nach natürlichen Ursachen. Die Naturerscheinungen sollen ausschließlich auf natürliche Weise erklärt werden, ohne sie mit Geistern, Göttern oder anderen übernatürlichen Wesen in Verbindung zu bringen. Als weitere Erkenntnisvoraussetzung gilt die Empirie, d.h., man erkannte, dass neues Wissen nicht allein durch Nachdenken zu erreichen ist, sondern Sinneswahrnehmungen benötigt. Die wissenschaftliche Weltanschauung behauptet, wie es bei Sigmund Freud heißt, «daß es keine andere Quelle der Weltkenntnis gibt als die intellektuelle Bearbeitung sorgfältig überprüfter Beobachtungen, also was man Forschung heißt, daneben keine Kenntnis aus Offenbarung, Intuition oder Divination». Das Ziel wissenschaftlicher Arbeit ist, so fährt er fort, neben praktischen Anwendungen die Erkenntnis der Wahrheit, d.h. die «Übereinstimmung mit der realen Außenwelt» (Freud 1933: 171, 184).

Die wichtigsten allgemeinen Konzepte der modernen wissenschaftlichen Biologie, die revolutionären Theorien, die das Verständnis der Lebewesen auf eine neue Basis stellten, lassen sich fast an zwei Händen abzählen. Ihre Geschichte habe ich den Kapiteln dieses Buches geschildert. Zusammenfassend sei hier eine Übersicht mit den Fachgebieten, für die sie hauptsächlich relevant waren, den Jahren ihrer Entstehung bzw. Wiederbegründung und wichtigen Repräsentanten angeführt:

Maschinentheorie	Physiologie, Verhaltensforschung	1641 Descartes 1840 Müller Schule
Bauplan	Vergleichende Anatomie, Systematik	1753 Buffon 1817 Cuvier
Natürliches System	Systematik, Evolutionstheorie	1758–59 Linnaeus
Gemeinsame Abstammung	Vergleichende Anatomie, Systematik, Paläontologie	1753 Buffon 1859 Darwin
Biologischer Artbegriff	Systematik, Evolutionstheorie	1753 Buffon 1942 Mayr
Evolution	Paläontologie, Genetik	1809 Lamarck 1859 Darwin
Zellentheorie	Anatomie, Embryologie, Genetik	1838 Schleiden & Schwann
Selektion	Evolutionstheorie, Ökologie	1859 Darwin
Mendelsche Vererbungstheorie	Genetik	1865 Mendel 1900/10 Morgan
Keimbahn	Genetik	1885 Weismann
DNS-Struktur, Genetisches Programm	Genetik, Entwicklungsgenetik, Molekularbiologie	1953 Watson & Crick

Ist die Geschichte der Biologie wichtig? Es kommt darauf an, welchen Anspruch man hat. Jedenfalls ist die wissenschaftliche Biologie mit ihren Methoden, Theorien und Institutionen – ähnlich wie ihr Gegenstand, die Organismen – aus funktionalen Erfordernissen allein nicht zu verstehen. Viele der heutigen Merkmale der Organismen ebenso wie der Biowissenschaften machen nur aus historischer Perspektive Sinn.

Die wirklich einzigartige Eigenschaft der Organismen ist ihre Fähigkeit, Erfahrungen aus mehr als drei Milliarden Jahren Evolution indirekt über den Prozess der Selektion in ihrem genetischen Programm zu speichern. Ganz ähnlich sind die Erfahrungen aus der Geschichte der Biologie indirekt über den wissenschaftlichen Ausleseprozess in ihre heutigen Theorien und Methoden eingegangen. Aber dies ersetzt nicht das aktive Gedächtnis, die Geschichtsschreibung der Biologie. Eine der außerordentlichsten Fähigkeiten der Menschen besteht ja gerade in der individuellen und kulturellen Speicherung von Information, in der Produktion eines individuellen und eines überindividuellen Gedächtnisses. Obwohl ein Mensch, eine Gesellschaft, eine Wissenschaft auch ohne aktives Gedächtnis existieren kann, so bedeutet dies doch eine enorme Verarmung. Die Geschichte sollte gerade für eine zukunftsorientierte Wissenschaft wie die Biologie mehr sein als entbehrlicher Zierrat, den man leichtfertig aus der Hand gibt.

Weiterführende Literatur

Allgemeine Darstellungen der Geschichte der Biologie

Allen, G. E. *Life Science in the Twentieth Century.* New York/London: Wiley & Sons, Inc., 1975.

Coleman, W. *Biology in the Nineteenth Century.* Cambridge: Cambridge University Press, 1977.

Darwin & Co. Eine Geschichte der Biologie in Portraits. Hg. von I. Jahn u. M. Schmitt. 2 Bde. München: C. H. Beck Verlag, 2001.

Geschichte der Biologie. Hg. von I. Jahn. 3. Aufl. Jena/Stuttgart: G. Fischer, 1998.

Jahn, I. *Grundzüge der Biologiegeschichte.* Jena: G. Fischer, 1990.

Mägdefrau, K. *Geschichte der Botanik.* 2. Aufl. Stuttgart/Jena/New York: G. Fischer, 1992.

Mayr, E. *The Growth of Biological Thought.* Cambridge, Mass./London: Belknap Press of Harvard University Press, 1982 (deutsche Ausg.: *Die Entwicklung der biologischen Gedankenwelt,* 1984).

Nordenskiöld, E. *Die Geschichte der Biologie.* Übers. G. Schneider. Jena: G. Fischer, 1926.

Rádl, E. *Geschichte der biologischen Theorien in der Neuzeit.* 2 Bde. Leipzig/Berlin: Engelmann, 1909–13.

Singer, Ch. *A History of Biology to about the Year 1900.* 3d ed. London/New York: Abelard-Schuman, 1959.

Zusammenfassende Darstellungen zu den einzelnen Themen

Bowler, P. J. *Evolution, the History of an Idea.* Berkeley/Los Angeles/London: University of California Press, 1984.

Farley, J. *The Spontaneous Generation Controversy from Descartes to Oparin.* Baltimore: Johns Hopkins University Press, 1977.

Gayon, J. *Darwinism's Struggle for Survival: Heredity and the Hypothesis of Natural Selection* [1992]. Transl. by M. Cobb. Cambridge: Cambridge University Press, 1998.

Gilbert, S. F., ed. *A Conceptual History of Modern Embryology.* Baltimore: Johns Hopkins University Press, 1994.

Gould, S. J. *Ontogeny and Phylogeny.* Cambridge, Mass./London: Belknap Press of Harvard University Press, 1977.

Hall, Th. S. *History of General Physiology: 600 B. C.–1900 A. D.* 2 vols. Chicago/London: University of Chicago Press, 1975.

Hertwig, O. *Lehrbuch der Entwicklungsgeschichte des Menschen und der Wirbeltiere.* 10. Aufl. Jena: G. Fischer, 1915.

Hofsten, N. v. «Zur älteren Geschichte des Diskontinuitätsproblems in der Biogeographie,» *Zoologische Annalen* 7 (1916): 197–353.

Hölder, H. *Geologie und Paläontologie in Texten und ihrer Geschichte.* Freiburg/München: Alber, 1960.

Höxtermann, E. «Konstantin S. Merežkovskij und die Symbiogenesetheorie der Zellevolution». In: A. Geus, Hg. *Bakterienlicht & Wurzelpilz. Endosymbiosen in Forschung und Geschichte.* Marburg: Basilisken-Presse, 1998, S. 11–29.

Hughes, A. *A History of Cytology.* London/New York: Abelard-Schuman, 1959.

Jacob, F. *La logique du vivant: Une histoire de l'heredité.* Paris: Gallimard, 1970.

Jahn, I. «Einführung und Erläuterung zur Geschichte der Zellenlehre und der Zellentheorie». In *Klassische Schriften zur Zellenlehre.* Leipzig: Akad. Verlagsges., 1987, S. 6–44.

Junker, Th., & U. Hoßfeld. *Die Entdeckung der Evolution – Eine revolutionäre Theorie und ihre Geschichte.* Darmstadt: Wiss. Buchgesellschaft, 2001.

Junker, Th. *Die zweite Darwinsche Revolution: Geschichte des synthetischen Darwinismus in Deutschland 1924–1950.* Marburg: Basilisken-Presse, 2003.

Kay, L. E. *The Molecular Vision of Life: Caltech, The Rockefeller Foundation, and the Rise of the New Biology.* Oxford/New York: Oxford University Press, 1993.

Kutschera, U. *Evolutionsbiologie. Eine allgemeine Einführung.* Berlin: Parey, 2001.

Lippmann, E. O. v. *Urzeugung und Lebenskraft.* Berlin: Springer, 1933.

Mayr, E., & W. B. Provine. *The Evolutionary Synthesis. Perspectives on the Unification of Biology.* Cambridge, Mass./London: Harvard University Press, 1998.

Moore, J. A. «Understanding Nature – Form and Function», *American Zoologist* 28 (1988): 449–584.

Needham, J. *A History of Embryology.* 2d ed. Cambridge: University Press, 1959.

Olby, R. C. *Origins of Mendelism.* 2d ed. Chicago/London: University of Chicago Press, 1985.

Provine, W. B. *The Origins of Theoretical Population Genetics.* Chicago/London: University of Chicago Press, 1971.

Rothschuh, K. E. *Geschichte der Physiologie.* Berlin/Göttingen/Heidelberg: Springer, 1953.

Rudwick, M. J. S. *The Meaning of Fossils.* 2d ed. Chicago: University of Chicago Press, 1985.

Russell, E. S. *Form and Function: A Contribution to the History of Animal Morphology.* London: Murray, 1916.

Sachs, J. *Geschichte der Botanik vom 16. Jahrhundert bis 1860*. München: Oldenbourg, 1875.
Stubbe, H. *Kurze Geschichte der Genetik bis zur Wiederentdeckung der Vererbungsregeln Gregor Mendels*. 2. Aufl. Jena: G. Fischer, 1965.
Watson, J.D. *The Double Helix. A Personal Account of the Discovery of the Structure of DNA*. Ed. G. S. Stent. New York/London: Norton, 1980.
Wuketits, F.M. *Die Entdeckung des Verhaltens. Eine Geschichte der Verhaltensforschung*. Darmstadt: Wiss. Buchgesellschaft, 1995.
Zimmermann, W. *Evolution. Die Geschichte ihrer Probleme und Erkenntnisse*. Freiburg/München: Alber, 1953.

Zitierte Originalwerke

Aristoteles. *De generatione animalium (Über die Zeugung der Geschöpfe)*. Paderborn: Schöningh, 1959.
Aristoteles. *De partibus animalium (Über die Glieder der Geschöpfe)*. Paderborn: Schöningh, 1959.
Baer, K. E. v. *Über Entwickelungsgeschichte der Thiere*. 2 Bde. Königsberg: Bornträger, 1828–37.
Bary, A. de. «Ueber Symbiose», *Tageblatt der 51. Versammlung deutscher Naturforscher und Aerzte in Cassel* (1878): 121–26.
Baur, E. «Die Bedeutung der Mutation für das Evolutionsproblem», *Z. f. induktive Abstammungs- und Vererbungslehre* 37 (1925): 107–115.
Blumenbach, J. F. *Über den Bildungstrieb*. Göttingen: Dieterich, 1791.
Bonnet, Ch. *Oeuvres d'histoire naturelle et de philosophie*. 18 vols. Neuchâtel: Fauche, 1779–83.
Bronn, H. G. *Untersuchungen über die Entwickelungs-Gesetze der organischen Welt während der Bildungs-Zeit unserer Erd-Oberfläche*. Stuttgart: Schweizerbart, 1858.
Buffon, G. *Histoire naturelle, générale et particulière*. 44 vols. Paris: Imprimerie Royale, puis Plassan, 1749–1804. Bd. 4, 1753.
Chapuis, A., & E. Gélis. *Le monde des automates*. Paris: Gélis, 1928.
Cuvier, G. *Recherches sur les ossemens fossiles des quadrupèdes* … 4 tomes. Paris: Deterville, 1812.
Cuvier, G. *Le règne animal*. 4 tomes. Paris: Deterville, 1817.
Cuvier, G. *Discours sur les révolutions da la surface du globe* [1815]. Troisième édition. Paris: Dufour et D'Ocagne, 1825.
Darwin, Ch. *On the Origin of Species by Means of Natural Selection, or the Preservation of Favoured Races in the Struggle for Life*. London: Murray, 1859.
Darwin, Ch. *The Variation of Animals and Plants under Domestication*. 2 vols. London: Murray, 1868.
Darwin, Ch. *The Descent of Man, and Selection in Relation to Sex*. 2 vols. London: Murray, 1871.

Darwin, Ch. *The Life and Letters of Charles Darwin*. Ed. F. Darwin. 3 vols. London: Murray, 1887.

Darwin, Ch. *The Correspondence of Charles Darwin*. Ed. Burkhardt et al. Bisher 12 Bde. Cambridge: Cambridge University Press, 1985–2001.

Dawkins, R. *The Selfish Gene*. New ed. Oxford/New York: Oxford University Press, 1989.

Descartes, R. *Meditationen über die Grundlagen der Philosophie* [1641]. Hamburg: Meiner, 1960.

Diderot, D. *Über die Natur* [1754–80]. Übers. Th. Lücke. Frankfurt am Main: Fischer, 1989.

Dobzhansky, Th. *Genetics and the Origin of Species*. New York: Columbia University Press, 1937.

Du Bois-Reymond, E. *Untersuchungen über thierische Elektricität*. Bd. 1. Berlin: Reimer, 1848.

Ehrenberg, Ch. G. *Die Infusionsthierchen als vollkommene Organismen*. Leipzig: Voss, 1838.

Freud, S. «Über eine Weltanschauung» [1933]. In *Neue Folge der Vorlesungen zur Einführung in die Psychoanalyse*. London: Imago, 1940, S. 170–197.

Gegenbaur, C. *Untersuchungen zur vergleichenden Anatomie der Wirbelthiere*. 3 Bde. Leipzig: Engelmann, 1864–72.

Geoffroy Saint-Hilaire, É. *Philosophie anatomique*. Paris: Méquignon-Marvis, 1818.

Goebel, K. v. «Vergleichende Entwicklungsgeschichte der Pflanzenorgane». In *Handbuch der Botanik*. Hg. von A. Schenk. Bd. 3, 1. Hälfte, S. 99–432. Breslau: Trewendt, 1884.

Goethe, J. W. *Sämtliche Werke*. I. Abt., Bd. 24, *Schriften zur Morphologie*. Hg. von D. Kuhn. Frankfurt am Main: Deutscher Klassiker Verlag, 1987.

Grew, N. *The Anatomy of Plants*. [London:] W. Rawlins, 1682.

Haeckel, E. *Generelle Morphologie der Organismen*. 2 Bde. Berlin: Reimer, 1866.

Haeckel, E. *Die Kalkschwämme*. 3 Bde. Berlin: Reimer, 1872.

Haeckel, E. *Natürliche Schöpfungsgeschichte* [1868]. 11. Aufl. Berlin: Reimer, 1911.

Haller, A. v. *De partibus corporis humani sensibilibus et irritabilibus* [1753]. *Von den empfindlichen und reizbaren Teilen des menschlichen Körpers*. Leipzig: Barth, 1922.

Haller, A. v. *Grundriß der Physiologie für Vorlesungen*. Berlin: Haude und Spener, 1788.

Hartsoeker, N. *Essays de Dioptrique*. Paris: Anisson, 1694.

Harvey, W. *Exercitatio anatomica de motu cordis et sanguinis in animalibus*. Frankfurt am Main 1628.

Harvey, W. *Exercitationes de generatione animalium*. Amsterdam: Ravestenyius, 1651.

Helmholtz, H. *Über die Erhaltung der Kraft, eine physikalische Abhandlung*. Berlin: Reimer, 1847.

Hennig, W. *Grundzüge einer Theorie der phylogenetischen Systematik*. Berlin: Deutscher Zentralverlag, 1950.

Hippokrates. *Sämmtliche Werke*. Übers. R. Fuchs. Bd. 1. München: Lüneburg, 1895.

His, W. *Unsere Körperform und das physiologische Problem ihrer Entstehung*. Leipzig: Vogel, 1874.

Hooke, R. *Micrographia*. London: Martyn & Allestry, 1665.

Huxley, J. *Evolution: The Modern Synthesis*. London: Allen & Unwin, 1942.

Johannsen, W. *Elemente der exakten Erblichkeitslehre*. Jena: G. Fischer, 1909.

Johannsen, W. «Experimentelle Grundlagen der Deszendenzlehre; Variabilität, Vererbung, Kreuzung, Mutation». In *Die Kultur der Gegenwart*. Hg. von P. Hinneberg. 3. Teil, 4. Abt., Bd. 1. Leipzig/Berlin: Teubner, 1915, S. 597–660.

Kant, I. *Kritik der Urteilskraft* [[3]1799]. Frankfurt am Main: Suhrkamp, 1977.

Kölreuter, J. G. *Vorläufige Nachricht von einigen das Geschlecht der Pflanzen betreffenden Versuchen und Beobachtungen* [1761–66]. Hg. von W. Pfeffer. Leipzig: Engelmann, 1893.

Kowalevsky, A. O. «Entwickelungsgeschichte der einfachen Ascidien», *Mémoires de l'Académie Impériale des sciences de St.-Pétersbourg*, VIIe série, Tome 10, Nr. 15 (1866).

Kowalevsky, W. O. «Monographie der Gattung *Anthracotherium* Cuv. und Versuch einer natürlichen Classification der fossilen Hufthiere,» *Palaeontographica* 22 (N. F. 2) (1876): 131–346.

La Mettrie, J. O. de. *L'homme machine (Die Maschine Mensch)* [1751]. Hamburg: Meiner, 1990.

Lamarck, J. B. de. *Philosophie Zoologique*. 2 Bde. Paris: Dentu, 1809.

Linnaeus, C. *Philosophia botanica*. Stockholm: Kiesewetter, 1751.

Linnaeus, C. *Systema naturae* ... 10. Aufl. 2 Bde. Holmiae [Stockholm]: Salvius, 1758–59.

Loeb, J. *Vorlesungen über die Dynamik der Lebenserscheinungen*. Leipzig: Barth, 1906.

Lukrez. *De rerum natura (Vom Wesen des Weltalls)*. Leipzig: Reclam, 1989.

Malthus, Th. R. *Essay on the Principle of Population*. London: Murray, 1826.

Margulis, L. *Origin of eukaryotic cells*. New Haven/London: Yale University Press, 1970.

Marsh, O. C. «Polydactyle Horses, Recent and Extinct», *The American Journal of Science and Arts* 2d ser. 17 (1879): 497–503.

Maupertuis, P. L. M. de. «Vénus Physique» [1745]. In *Œuvres*. Bd. 2. Lyon 1756, pp. 3–133.

Mayr, E. *Systematics and the Origin of Species from the Viewpoint of a Zoologist*. New York: Columbia University Press, 1942.

Meckel, J. F. *System der vergleichenden Anatomie*. Erster Th.: *Allgemeine Anatomie*. Halle: Renger, 1821.

Mendel, G. «Versuche über Pflanzenhybriden», *Verhandlungen des naturforschenden Vereines in Brünn 1865* 4 (1866): 3–47.

Mereschkowsky, C. «Über Natur und Ursprung der Chromatophoren im Pflanzenreiche», *Biologisches Centralblatt* 25 (1905): 593–604.

Morgan, Th. H. «Sex-Limited Inheritance in *Drosophila*», *Science* 32 (1910): 120–22.

Morgan, Th. H., A. H. Sturtevant, H. J. Muller, and C. B. Bridges. *The Mechanism of Mendelian Heredity*. New York: Holt, 1915. Rev. ed. 1922.

Müller, F. *Für Darwin*. Leipzig: Engelmann, 1864.

Oken, L. *Über die Bedeutung der Schädelknochen*. Jena: Göpferdt, 1807.

Oken, L. *Allgemeine Naturgeschichte für alle Stände*. 7 Bde. Stuttgart: Hoffmann, 1833–45. *Abbildungen*. Stuttgart: Hoffmann, 1843.

Oparin, A. I. *Die Entstehung des Lebens auf der Erde* [1936]. 3. Aufl. Berlin: Deutscher Verlag der Wissenschaften, 1957.

Owen, R. *On the Archetype and Homologies of the Vertebrate Skeleton*. London: Van Voorst, 1848.

Pasteur L. «Mémoire sur les corpuscules organises qui existent dans l'atmosphère» [1861]. In *Œuvres de Pasteur*. Tome 2. Paris: Masson et Cie., 1922, pp. 210–94.

Redi, F. *Esperienze Intorno Alla Generazione Degl' Insetti*. Firenze: Stella, 1668.

Rensch, B. *Neuere Probleme der Abstammungslehre. Die Transspezifische Evolution*. Stuttgart: Enke, 1947.

Schimper, A. F. W. «Ueber die Entwickelung der Chlorophyllkörner und Farbkörper», *Botanische Zeitung* 41 (1883): 105–13, 121–31, 137–46, 153–62.

Schleiden, M. J. «Beiträge zur Phytogenesis», *Archiv für Anatomie, Physiologie und wissenschaftliche Medizin* (1838): 137–76.

Schwann, Th. *Mikroskopische Untersuchungen über die Uebereinstimmung in der Struktur und dem Wachsthum der Thiere und Pflanzen*. Berlin: Reimer, 1839.

Simpson, G. G. *Tempo and Mode in Evolution*. New York: Columbia University Press, 1944.

Stahl, G. E. *Disputatio inauguralis de passionibus animi corpus humanum varie alterantibus* [1695]. Deutsche Ausg.: *Über den mannigfaltigen Einfluß von Gemütsbewegungen auf den menschlichen Körper*. Leipzig: Barth, 1961.

Stahl, G. E. *Dissertatio inauguralis medica de medicina medincinae curiosae* [1714]. Deutsche Ausg.: *Über den Unterschied zwischen Organismus und Mechanismus*. Leipzig: Barth, 1961.

Timoféeff-Ressovsky, N. W. «Genetik und Evolution», *Z. f. induktive Abstammungs- und Vererbungslehre* 76 (1939): 158–218.

Trivers, R. L. «The Evolution of Reciprocal Altruism», *The Quarterly Review of Biology* 46 (1971): 35–57.

Vesalius, A. *De Humani Corporis Fabrica.* Basel: Oporinus, 1543.
Virchow, R. «Cellular-Pathologie», *Archiv für pathologische Anatomie und Physiologie und für klinische Medicin* 8 (1855): 3–39.
Virchow, R. «Ueber den vermeintlichen Materialismus der heutigen Naturwissenschaft». In *Amtl. Ber. 38. Vers. Deutscher Naturforscher und Ärzte 1863.* Stettin: Hessenland, 1864, S. 35–42.
Vries, H. de. *Die Mutationstheorie. Versuche und Beobachtungen über die Entstehung von Arten im Pflanzenreich.* Leipzig: Veit & Comp, 1901–03.
Wagner, M. *Die Darwin'sche Theorie und das Migrationsgesetz der Organismen.* Leipzig: Duncker & Humblot, 1868.
Wallace, A. R. «On the Tendency of Varieties to depart indefinitely from the Original Type» [1858]. Reprinted in Darwin 1985–2001, vol. 7, pp. 512–20.
Weismann, A. *Die Continuität des Keimplasma's als Grundlage einer Theorie der Vererbung.* Jena: G. Fischer, 1885.
Weismann, A. «Die Bedeutung der sexuellen Fortpflanzung für die Selektions-Theorie» [1886]. In *Aufsätze über Vererbung und verwandte biologische Fragen.* Jena: G. Fischer, 1892, S. 303–95.
Weismann, A. *Vorträge über Deszendenztheorie.* 2 Bde. 3. Aufl. Jena: G. Fischer, 1913.
Wilson, E. O. *On Human Nature.* Cambridge, Mass./London: Harvard University Press, 1978.
Wilson, E. O. *Sociobiology.* Abridged ed. Cambridge, Mass./London: Belknap Press, 1980.
Wolff, C. F. *Theoria Generationis.* Halle, Saale: Litteris Hendelianis, 1759.
Zimmermann, W. *Vererbung ‹erworbener Eigenschaften› und Auslese.* Jena: G. Fischer, 1938.

Register